캠핑을 100% 즐기는 100가지 방법

캠요리부터 캠기술까지

참좋은날

캠핑의 가능성은 무한대

캠핑은 말할 것도 없이 즐겁습니다. 좋아하는 장비를 설치하고, 자연 속에서 신선한 공기를 마음껏 누릴 수 있습니다. 강에서 놀고, 곤충을 잡고, 멍하니 아무것도 안 하며 삼림욕을 즐길 수도 있고요. 색다른 조리법으로 만든 캠핑 음식을 먹고, 모닥불 주위에 둘러앉아 친구와 술잔을 기울여 보세요. 평소와 다른 잠자리가 어색해도 기분 좋은 피로감 덕분에 푹 잠듭니다.

불붙이는 데 2시간이 걸린 모닥불도, 홀랑 타 버린 밥도, 우글쭈글 설치된 타프도, 돌아올 때 꽉 막히는 도로까지도 캠핑은 신기하게 이 모든 걸 좋은 추억으로 만들어 줍니다.

불편함이야말로 캠핑의 참맛.

시행착오를 겪는 것이야말로 캠핑의 참맛.

캠핑에는 실패가 없습니다.

이 책은 캠핑에서 느끼는 즐거움과 기쁨이 더욱 풍부해지도록, 캠핑에서 겪는 시행착오가 더욱 알찬 결과를 낳도록, 캠핑을 100% 즐기는 100가지 방법을 모았답니다.

책에 실린 캠핑을 즐기는 다양한 방법을 하나하나 따라 해 보면서 자신만의 캠핑 스타일을 확립해 보세요.

당신에게 이 책을 추천합니다

캠핑에 임하는 자세는 사람마다 달라요.

캠핑을 즐기는 사람도 그렇지 않은 사람도 이 책을 통해

캠핑을 새롭게 즐기는 방법을 찾아 보세요.

언제나 100% 캠핑을 즐기는 당신.

현재의 캠핑에 불만이 없어도 가끔은

새로운 자극을 위해 평소와 다른 요리를 해

보거나 새로운 활동을 즐기면 어떨까요?

캠핑 세계가 더욱 넓어질 거예요.

캠핑에 매너리즘을 느끼는 당신

캠핑이 즐겁긴 한데 조금 지루하다.
새로운 시도를 해 보고 싶은 당신에게
이 책은 아주 적합합니다.
'내 캠핑 스타일, 이래도 괜찮을까?' 하는
고민이 들 때는 캠핑을 조금 더 쾌적하게
해 주는 방법을 꼭 시도해 보세요.

캠핑을 도무지 즐기지 못하는 당신

가족이나 친구 때문에 하긴 하는데
솔직히 캠핑이 즐겁지 않아….
그런 당신에게 이 책을 꼭 추천하고
싶습니다. 지금까지 캠핑은 잊고,
이 책에서 하고 싶은 일을 찾아 보세요.
또 캠핑의 불편함을 개선해 주는 방법을
시도하면 캠핑이 더 즐거워질 거예요.

이 책을 활용하는 다양한 방법

캠핑을 즐기기 위해 지켜야 할 3가지 사항

캠핑은 규칙을 지킬 때만 자유로이 즐길 수 있는 자격이 있습니다. 여기에서 소개하는 규칙은 최소한의 규칙입니다. 캠핑장마다 지켜야 할 규칙이 다르니 미리 확인하세요.

1 자연을 소중히

자연에 감사하고, 앞으로도 캠핑을 즐길 수 있게 자연을 소중히 보호합니다. '식물에 해를 끼치지 않는다', '쓰레기나 재를 아무 데나 버리지 않는다', '물을 더럽히지 않고 낭비하지 않는다'가 기본입니다.
곤충이나 식물 채집을 금지한 곳도 있으니 확인하세요.

안전제일

부상이나 사고 없이 안전한 캠핑이 최우선입니다. 캠핑 장비는 위험한 것이 많습니다. 날붙이나 화기를 다룰 때 당연히 조심해야 하고, 텐트나 타프를 제대로 설치하지 못하면 무너져서 다칠 수 있습니다. 캠핑 장비를 쓸 때는 설명서를 잘 읽고 올바른 방법으로 다룹니다. 날씨가 안 좋거나 몸 상태가 나쁠 때는 캠핑을 중지하세요. 무리하지 않고 즐기는 것도 중요하답니다.

3 주위에 피해를 주지 않는다

캠핑장에는 다른 캠퍼가 있다는 것을 잊지 말고, 소리나 빛, 공간 문제로 피해를 주지 않도록 합니다. 취침 시간 같은 캠핑장의 이용 규칙을 지키고, 주변 사람을 배려합니다.

주의

- 책에서 소개한 방법 중 캠핑장에 따라 금지인 행위도 있습니다. 캠핑장의 이용 규칙을 잘 읽고, 확인이 필요할 때는 캠핑장에 문의합니다.
- 책에서 소개하는 장비 사용법이 모든 장비에 적용된다는 보장은 없습니다. 설명서를 잘 읽고 안전하게 쓸 수 있는지 미리 확인합니다.

PART

1

캠핑은 밥이 생명

CONTENTS

PART 2
캠핑에서 마음껏 놀자

PART 3 장비의 늪으로 어서 오세요

PART

자신만만 자랑하는 캠핑 기술

PART

1

캠핑은 밥이 생명

캠핑의 가장 큰 즐거움은 먹는 일.

밖에서 먹는 밥은 신기하게 더 맛있어요.

또 캠핑에서는 '요리'도 놀이가 됩니다.

가스레인지나 인덕션, 전자레인지로 만든 요리와는 다른,

직접 피운 불로 만들어 캠핑에서만 맛볼 수 있는

요리를 즐겨 봐요!

THE
CAP
MEN

밖에서 먹으면 더 맛있다! 본격 향신료 카레를 만들자

#밥이좋아 #향신료 #비법레시피

카레에 쓰는 향신료

카더몬
청량감 있는 알싸한 향과 맛. 카레에 꼭 필요하다.

시나몬
달콤한 향과 매콤한 맛. 카레 맛이 깊어진다.

정향
바닐라 향과 짜릿한 맛으로 카레에 감칠맛을 더한다.

강황
색을 내는 데 쓴다. 밥을 지을 때 넣어 노란 밥을 만들어도 좋다.

카옌페퍼
고추를 건조한 것. 매운맛을 내려고 쓴다.

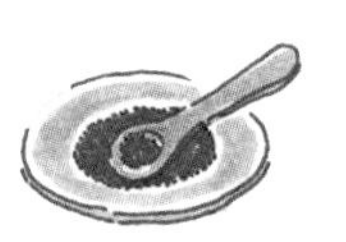

가람 마살라
인도 요리에 쓰는 혼합 향신료. 매운맛이 난다.

커민
독특한 향이 난다. 카레 향이 훨씬 그윽해진다.

월계수잎
고기나 생선의 냄새를 없애 준다.

순서만 알면 어렵지 않다! 향신료를 쓰는 법

캠핑이라면 역시 카레! 향신료를 직접 준비해서 카레를 만들어 봐요. 향긋한 향신료 카레는 밖에서 먹으면 특히 맛있어요! 향신료는 다음의 3가지 요령만 알면 쉽게 쓸 수 있어요.

❶ 홀 형태는 가열한다
기름에 향신료를 넣고 가열해서, 향이 기름에 배게 한다.

❷ 파우더 형태는 마지막 단계에
파우더는 향과 풍미가 금방 날아가므로 홀 향신료와 따로 두고 나중에 넣는다.

❸ '향' '색' '매운맛' 3가지를 쓴다
향이 강한 향신료, 색을 내는 향신료, 매운맛을 내는 향신료. 이 3가지가 조화를 이루어야 카레 맛이 난다.

향신료로 만드는 기본 카레

재료 (2인분)

닭 넓적다리 살 200g
토마토 1개
양파 1/2개
샐러드유 2큰술
카더몬(홀) 1알
커민(홀) 1작은술
다진 마늘 1작은술
다진 생강 1작은술
강황(파우더) 1작은술
카옌페퍼(파우더) 1작은술
요구르트 50g
물 100mL
소금 1/2작은술

조리법

1 닭 넓적다리 살은 한 입 크기, 토마토는 주사위 모양, 양파는 잘게 썬다.

2 깊은 프라이팬이나 냄비에 샐러드유를 두르고, 카더몬과 커민을 넣어 센 불로 가열한다. 타지 않도록 주의한다.

3 향이 나면, 양파를 넣어 한 번 가볍게 섞는다. 건드리지 않고 그대로 익힌다.

4 양파가 노릇노릇 익으면 뒤집어서 반대쪽도 노릇노릇해질 때까지 익힌다.

5 다진 마늘과 생강, 토마토를 넣고 볶는다.

6 토마토가 부드러워지면 강황과 카옌페퍼를 넣고, 수분이 날아갈 때까지 잘 볶는다.

7 닭 넓적다리 살과 요구르트, 물을 넣고 중간 불로 10분간 끓인다.

8 소금으로 간을 맞춘다.

다른 향신료도 도전해 보자!

시나몬 : 매콤한 향을 원할 때
고수 : 달콤한 향을 원할 때
파프리카 파우더 : 훈연 향을 원할 때
통후추 : 강한 자극을 원할 때

PART1 food 002

반죽부터 만들어 오븐 없이 피자를 굽자

#무쇠팬 #더치오븐 #비법레시피

캠핑장에서 먹는 숯불 향 피자

오븐이 없어도 피자를 구울 수 있습니다! 무쇠팬이나 더치 오븐을 쓰면, 화덕에 구운 것처럼 노릇노릇 맛있게 만들 수 있죠. 상불 · 하불을 모두 써서 가열하는 게 중요해요. 무쇠팬도 더치 오븐도 뚜껑 위에 숯불을 얹어서 구워야 합니다.

봄 · 여름이라면 반죽을 밖에 두고, 기온이 낮을 때는 침낭에 넣어 발효해요. 집에서 반죽을 미리 준비해서 캠핑장에 도착하자마자 구워도 좋아요.

기본 피자 만드는 법

반죽부터 만들어 먹는 피자는 맛이 각별하다. 반죽도 간단! 발효도 간단! 다양하게 토핑해서 입맛대로 먹자.

재료 (지름 20cm 2장)

강력분 200g
박력분 100g
드라이 이스트 5g
소금 1/2작은술
물 180mL

토핑

피자 소스/ 치즈/ 피망/ 방울토마토/ 바질/ 살라미 등
※ 익는 데 시간이 걸리는 재료는 미리 데친다.

도구

- 볼
- 랩
- 유산지
- 밀방망이
- 포크
- 뚜껑 있는 무쇠팬 또는 더치 오븐

조리법

1 볼에 모든 재료를 넣고 10분쯤 잘 이긴다. 반죽이 발효되면서 부푸니 볼은 큰 것으로.

2 끈적거리던 반죽이 손에서 잘 떨어질 정도가 되면, 볼에 랩을 씌워 따뜻한 곳(25℃ 정도)에 1시간 둔다.

3 반죽이 2배 크기로 부풀면 꺼내서 반으로 자르고, 표면이 매끄러워지도록 둥글게 뭉친다.

4 도마에 유산지를 깔고 밀가루를 뿌린 후, 밀방망이를 써서 반죽 지름이 20cm가 되도록 둥글게 편다. 재료를 올릴 부분에만 포크로 구멍을 뚫는다.

5 피자 소스나 채소, 치즈를 얹는다. 예열한 더치 오븐이나 뚜껑 있는 무쇠팬에 반죽을 넣고, 위아래에 숯불을 두고 노릇노릇해질 때까지 10분쯤 굽는다.

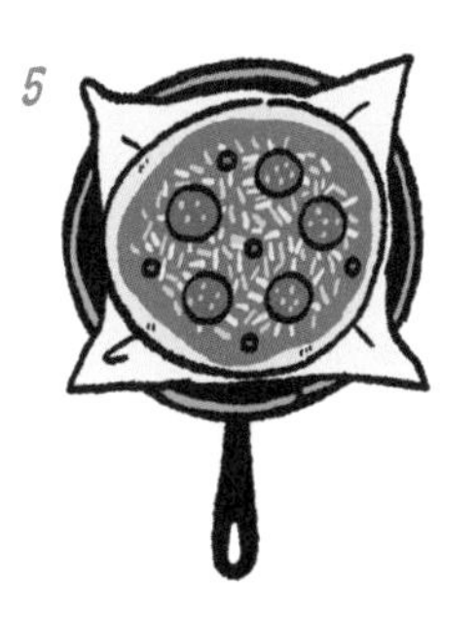

추천하는 토핑 재료 조합

- 데리야키 치킨 + 양파 + 스위트콘 + 마요네즈
- 블루치즈 + 모차렐라 치즈 + 꿀
- 감자 + 명란젓 + 떡

바삭 쫄깃!
최고의 숯불 토스트를 굽자

#빵이좋아 #아침밥 #비법레시피

맛있는 토스트를 만드는 핵심은 식빵의 수분량

겉은 바삭바삭 구수하고 속은 보드랍고 쫄깃쫄깃! 캠핑에서 이런 토스트를 먹고 싶다면, 어떤 식빵을 고르고 어떻게 구우면 좋을지 연구해 보세요. 쫄깃쫄깃하고 보드라운 식감을 원한다면 빵의 수분량이 중요해요. 위쪽이 산처럼 생긴 일반적인 식빵보다 네모난 식빵이 더 촉촉해요. 또 빵은 썰어 두면 수분이 빠져서 금방 건조해지니까 덩어리를 사서 굽기 전에 써는 것이 좋아요.

숯불 토스트 간단하게 굽는 법

❶ 숯불을 강하게 지펴 석쇠나 철판을 달군다.

❷ 식빵은 두툼하게(30mm 정도)썬다. 굽기 직전에 분무기로 전체를 살짝 적시고, 빵 두께의 절반 깊이로 중앙에 십자 칼집을 낸다.

❸ 석쇠나 철판을 숯불에서 조금 멀리 놓은 채 식빵을 올리고, 노릇노릇해지면 뒤집는다.

※ 타기 쉬우니 주의 깊게 살펴본다.

※ 짧은 시간에 구수하게 굽는 것이 수분 증발을 막는 포인트.

토스트 조합 12가지

마요네즈와 달걀

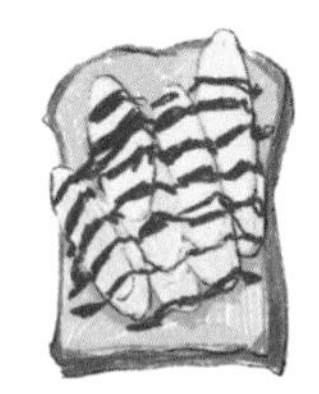

초콜릿과 바나나

초콜릿

김과 낫토

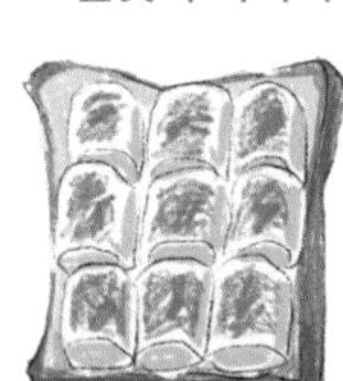

구운 마시멜로

잔멸치와 치즈

딸기잼과 버터

팥앙금과 버터

구운 레몬

시나몬슈가

햄과 치즈와 달걀

피자 토스트

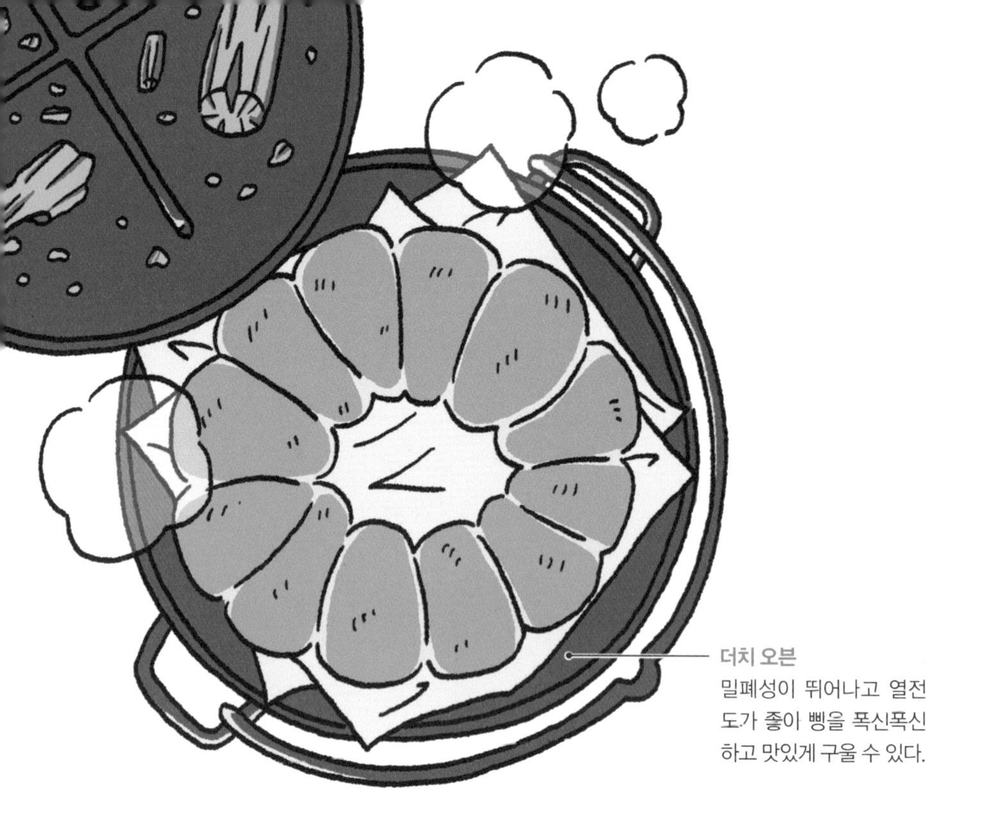

갓 구운 빵 냄새를 맡으며 잠에서 깨자

#빵이좋아 #더치오븐 #아침밥

캠핑장에서 환상적인 제빵을

갓 구운 빵은 몇 배는 더 맛있죠. 밖에서 먹으면 더 그렇고요. 내 손으로 직접 만들면 만족감까지 더해 최고의 아침 식사가 될 거예요. 제빵은 어려워 보이지만, 요령만 알면 맛있게 구울 수 있습니다. 하루 전에 반죽을 준비해 두면 다음 날 아침, 캠핑장에서 갓 구운 따끈따끈한 빵을 먹을 수 있어요. 구울 때는 상불 · 하불로 가열할 수 있는 더치 오븐이 필수예요.

아침 일찍 굽는다! 기본 빵 만드는 법

빵 반죽은 1차 발효까지 집에서 해 오면 편하다. 1차 발효가 된 반죽을 아이스박스에 담아 캠핑장으로 가져가자.

재료 (만들기 편한 분량)

강력분 300g
우유 혹은 물 160mL
설탕 20g
소금 5g
드라이 이스트 3g
버터 60g(실온에 놓아 부드럽게 해 둔다)

도구

- 볼
- 랩
- 비닐봉지
- 유산지
- 더치 오븐

조리법

1. 버터 이외의 모든 재료를 볼에 넣고 잘 섞는다.
2. 재료가 하나로 잘 섞이면, 반죽이 손에 달라붙지 않을 때까지 10분쯤 이긴다.
3. 버터를 넣어 다시 잘 이기고, 손에 달라붙지 않게 되면 표면이 매끄러워지도록 둥글게 뭉친다.
4. 반죽이 담긴 볼에 랩을 씌워 따뜻한 곳(25℃ 정도)에 1시간가량 둔다.
5. 반죽이 2배로 부풀면, 1차 발효가 끝났다는 신호. 반죽을 비닐봉지에 넣고, 어느 정도 여유를 주고 입구를 막은 후 아이스박스에 넣어 캠핑장으로(바로 출발하지 않는다면 냉장실이나 냉동실에 보관).
6. 굽기 1시간 전에 반죽을 꺼내 공기를 빼면서 둥글게 다시 뭉쳤다가, 8~12등분으로 나눈다.
7. 더치 오븐에 유산지를 깔고 반죽을 놓는다. 반죽이 마르지 않도록 더치 오븐에 랩을 씌우고 뚜껑을 닫아 둔다.
8. 반죽이 1.5배 정도로 부풀면 더치 오븐을 불에 올리고, 뜨끈뜨끈한 숯을 뚜껑 위에 얹는다.
9. 하불은 약한 불, 상불은 센 불로 15~20분 정도 상태를 살피며 굽는다.

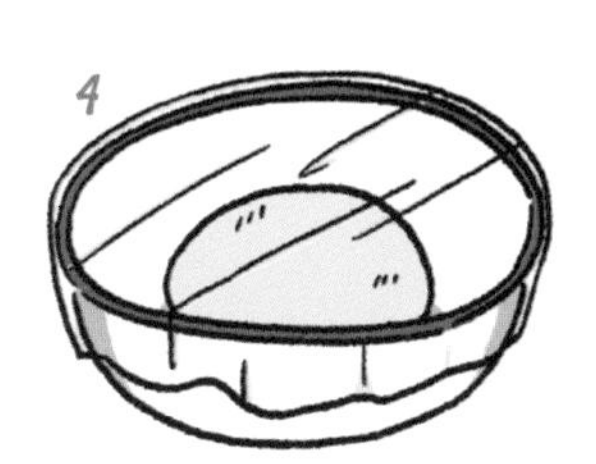

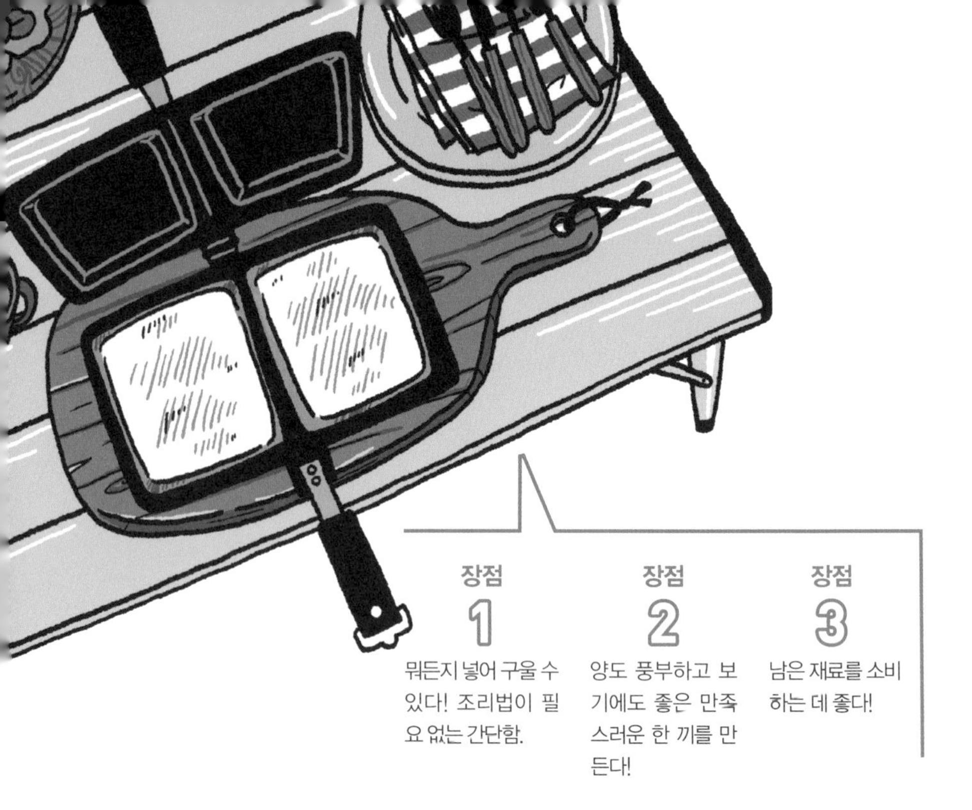

변화무쌍한 핫 샌드위치를 즐기자

#빵이좋아 #아침밥 #변형레시피 #간단레시피

남은 반찬도 멋지게 리메이크!

핫 샌드위치 쿠커는 이제 캠핑 요리의 필수품이에요. 평범한 샌드위치 재료도, 남은 반찬도, 과일도, 쿠커에 넣어 굽기만 했는데 이렇게 맛있다니! 꽉 압축할 수 있어서 크로켓이나 불고기 같은 두툼한 재료도 넣을 수 있어요.

샌드위치 사이에 넣을 마땅한 재료가 없을 때는 버터와 케첩만 발라 샌드위치를 구워도 좋아요. 꼭 샌드위치가 아니라 고기만두나 와플 생지를 쿠커에 넣어 구워도 맛있어요.

추천하는 재료 6가지

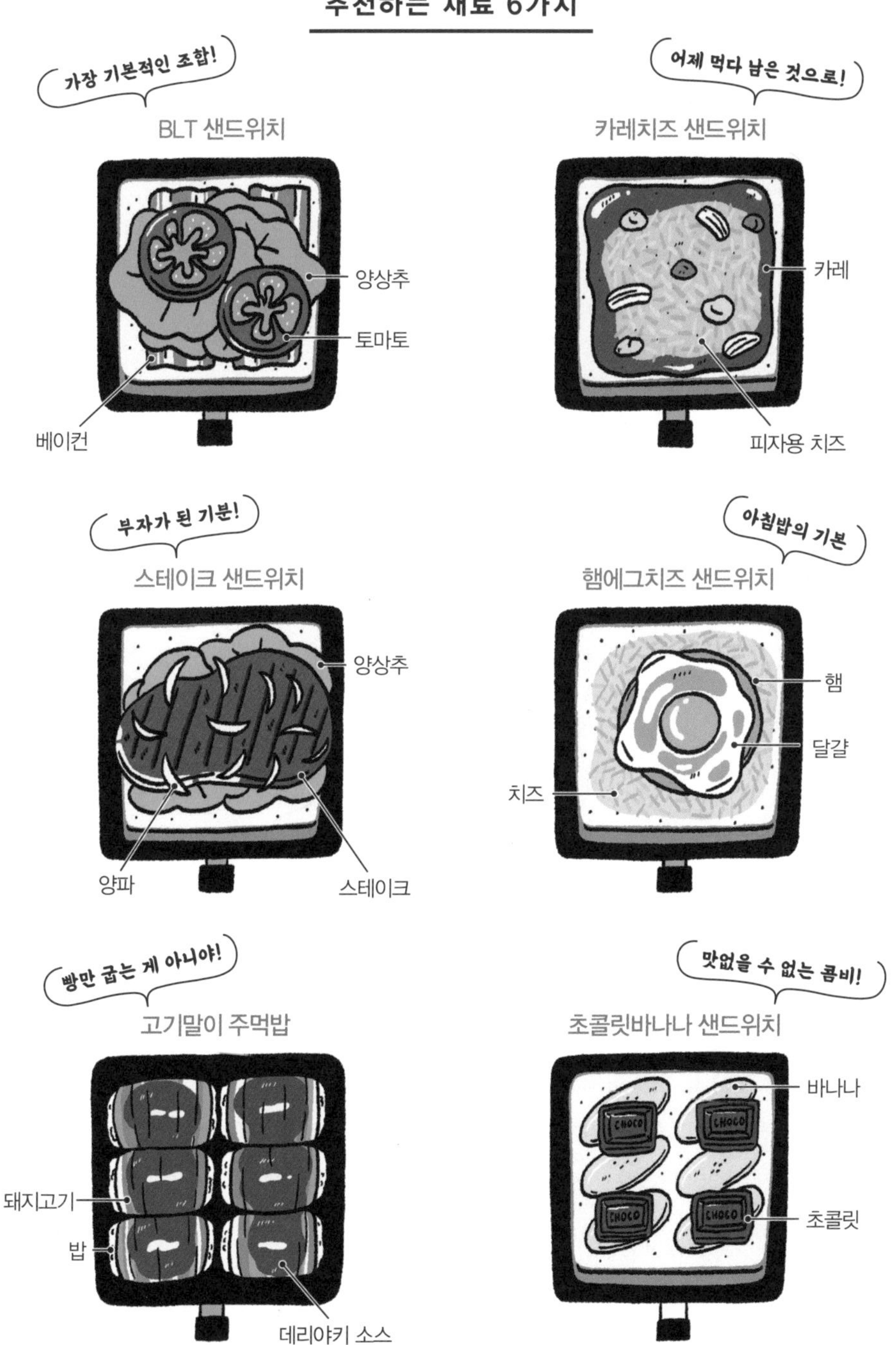

가장 기본적인 조합!
BLT 샌드위치
양상추
토마토
베이컨
어제 먹다 남은 것으로!
카레치즈 샌드위치
카레
피자용 치즈
부자가 된 기분!
스테이크 샌드위치
양상추
양파
스테이크
아침밥의 기본
햄에그치즈 샌드위치
햄
달걀
치즈
빵만 굽는 게 아니야!
고기말이 주먹밥
돼지고기
밥
데리야키 소스
맛없을 수 없는 콤비!
초콜릿바나나 샌드위치
바나나
초콜릿
CHOCO

모닥불 마무리는 구운 주먹밥으로

#밥이좋아 #변형레시피 #모닥불_숯불레시피

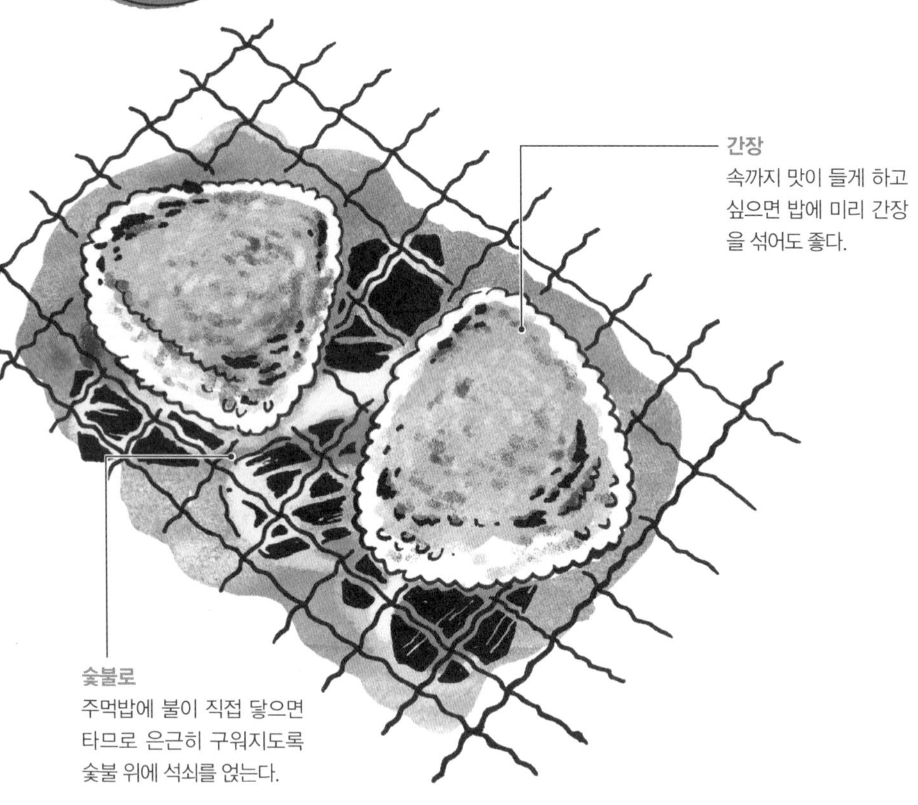

다양한 조합으로 맛있고 즐겁게!

모닥불이 슬슬 잠잠해져서 깜부기불이 될 무렵, 마무리로 주먹밥보다 더 어울리는 게 있을까요? 석쇠에 밥이 달라붙지 않게 밥이 다 식은 후에 굽는 것이 요령입니다. 주먹밥을 조금 단단하게 만들면 구울 때 잘 부서지지 않아요.

주먹밥은 조합이 무한해요. 제일 간단한 주먹밥이라면 구수한 냄새가 나는 간장 맛이죠. 주먹밥 표면이 노릇노릇 구워지면 솔로 간장을 발라요.

추천 조합 6가지

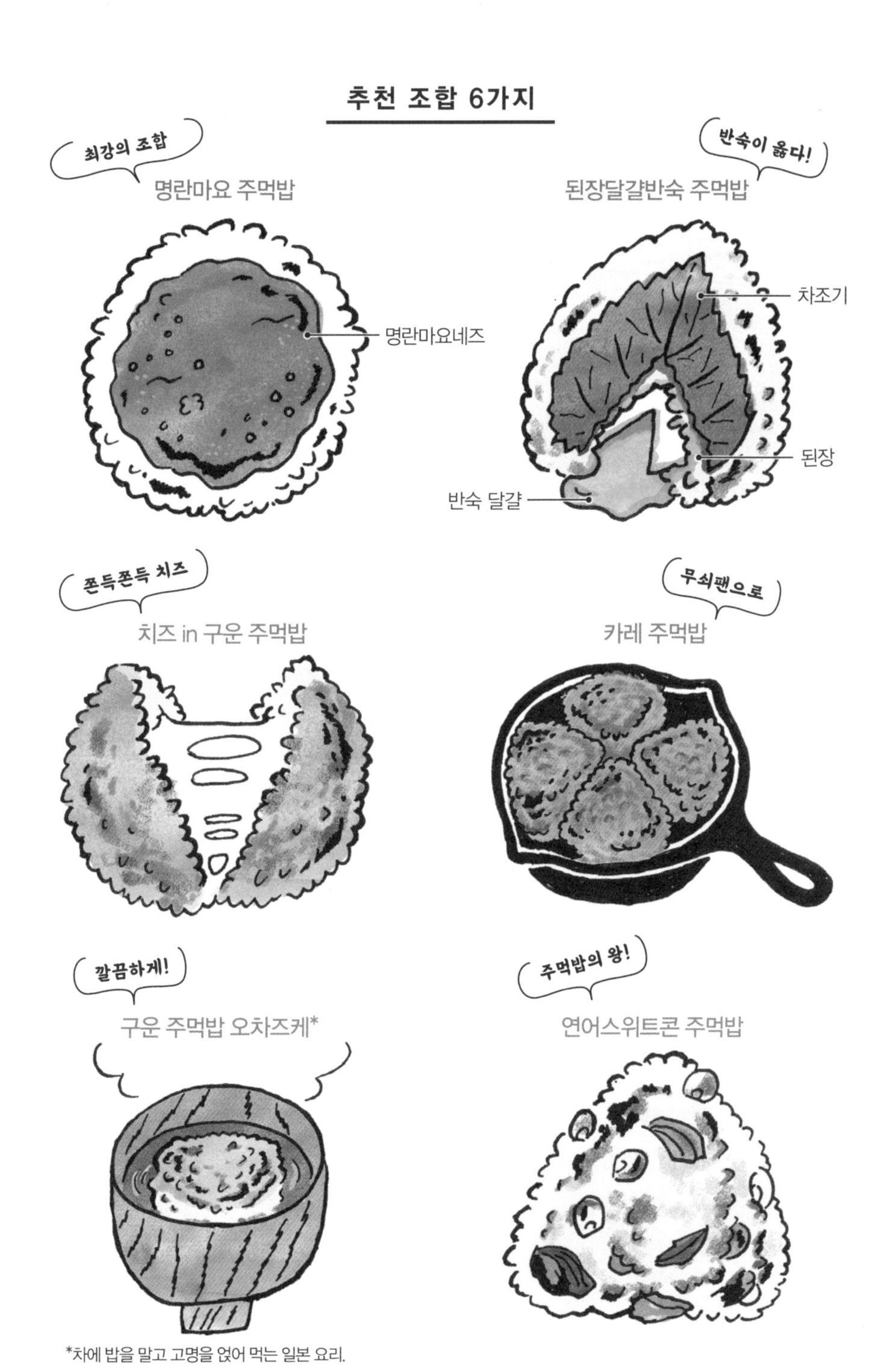

*차에 밥을 말고 고명을 얹어 먹는 일본 요리.

캠핑 안주의 왕, 감바스알아히요를 만들자

#안주 #간단레시피 #변형레시피 #시에라컵

감바스알아히요의 참맛은 기름에 있다

감바스알아히요는 올리브유에 마늘과 고추를 넣어 향을 내고, 재료를 넣어 끓이는 스페인 전채 요리입니다. 어떤 재료를 넣느냐에 따라 다양한 맛을 즐길 수 있어요. 깜부기불이 된 모닥불 앞에 친구들과 둘러앉아 만들며, 술과 대화를 즐기기에 딱 좋은 안주예요.

그런데 사실 재료는 조역이에요. 진정한 주역은 향과 맛이 스며든 올리브유입니다. 빵에 바르거나 파스타를 넣어 올리브유의 맛을 즐기는 것이 본고장 방식. 쇼트 파스타를 넣어도 좋아요.

감바스알아히요 만드는 법

재료 (시에라컵 1컵 분량)

새우 살 2~3개
브로콜리 1/8개
양송이 2~3개
올리브유 100mL
마늘 1~2알
건고추 1개(씨는 뺀다)
소금 약간

조리법

1. 새우 살을 씻는다. 브로콜리는 한 입 크기로 썬다.
2. 시에라컵에 올리브유를 따르고 마늘과 건고추를 넣어 약한 불로 끓인다.
3. 향이 나기 시작하면, 물기를 제거한 새우, 브로콜리, 양송이와 소금을 넣고 끓인다.

추천 재료

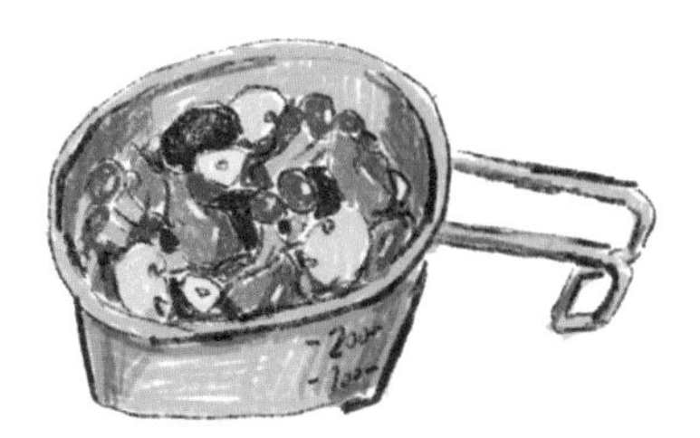

닭 모래주머니 & 버섯

오징어 & 감자

생굴 & 파

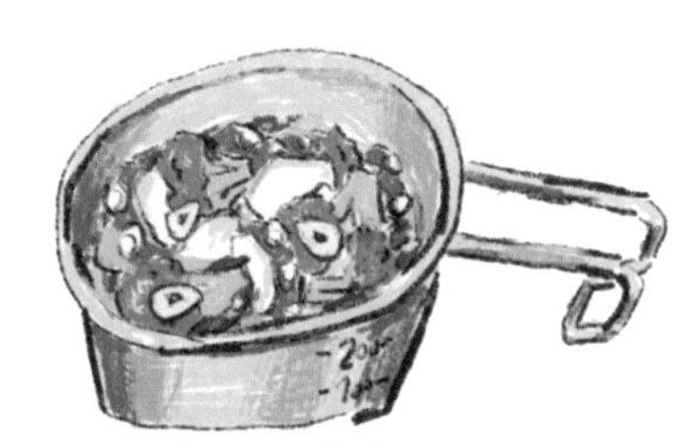

문어 & 브로콜리

연어 & 방울토마토

아보카도 & 귤 & 새우

시간이 조미료! 방치형 캠핑 음식을 만들자

#고기가좋아 #간단레시피 #모닥불_숯불레시피

캠핑은 시간이 요리해 주는 최고의 상황

맛있는 음식을 먹고 싶지만, 밖에서 요리하는 게 익숙하지 않아서 잘할 수 있을지 불안해하는 당신! 그런 당신에게는 가만히 두면 되는 요리를 추천합니다. 조리 도구의 성능을 살리면 맛있고 야성적인 요리를 간편하게 완성할 수 있어요.

모닥불이나 숯불은 화력이 강해 요리 속도가 빠르고, 평소에 맛보기 어려운 숯불 향이 밴 요리를 만들 수 있죠. 가만히 두면 되는 레시피 3종을 소개합니다.

가만히 두는 요리 레시피 3가지

뼈 있는 고기 포토푀*

*프랑스 대표 스튜 요리

재료 (4인분)

뼈 있는 닭 날개 4개
당근 1/2개
양파 1/2개
감자 중간 크기 2개
샐러드유 1큰술
마늘 1알
양배추 1/6개
소시지 2개
월계수잎 1장
소금 · 후추 적당량

조리법

1 닭 날개는 뼈 옆에 칼집을 낸다.
2 당근은 마구 썰고, 양파는 한 입 크기, 감자는 껍질을 벗겨 반으로 썬다.
3 더치 오븐에 기름을 두르고, 얇게 썬 마늘을 볶으며 닭 날개와 큼직하게 썬 양배추를 노릇노릇하게 굽는다.
4 당근, 양파, 감자, 소시지, 월계수잎을 넣고 중간 불로 익힌 후, 뚜껑을 덮고 10분간 끓인다.
5 소금과 후추로 맛을 낸다.

닭으로 만든 햄

재료 (1개분)

닭 가슴살 1장
설탕 1작은술
소금 2작은술

조리법

1 닭 가슴살 껍질을 벗긴 후 식칼로 칼집을 내고, 평평하게 펼친다.
2 설탕과 소금을 고기 양면에 잘 문지르고, 1시간쯤 아이스박스에 넣었다가 꺼낸다.
3 닭 가슴살을 키친타월로 닦고, 랩으로 둘둘 말아 좌우를 비틀어 묶는다.
4 3을 비닐봉지에 넣어 끓는 물에 넣는다.
5 다시 끓기 시작하면 불을 끄고, 뚜껑을 덮어 3시간 둔다.
6 꺼내서 얇게 썬다.

로스트비프

재료 (만들기 편한 분량)

소고기 덩어리 200g
설탕 1작은술
소금 1작은술
올리브유 1큰술

조리법

1 소고기 덩어리를 실온에 둔다.
2 숙성된 소고기 표면에 설탕과 소금을 바른다. 올리브유를 두른 프라이팬에 올리고 노릇하게 굽는다.
3 2를 알루미늄 포일로 감싸 불에서 멀리 놓고 5분쯤 찐다.
4 불에서 내리고, 열기가 가실 때까지 수건으로 감싸 남은 열로 익힌다.

덩어리 고기를 야성적으로 조리하자

#고기가좋아 #야성적레시피 #삼각대

캠핑에 어울리는 야성적인 요리를 먹고 싶어

모닥불이나 숯불로 요리하는 덩어리 고기는 캠핑에 안성맞춤인 재료예요. 큼직한 고기를 썰면 대단한 사람이 된 것 같고, 캠핑만의 야성과 자유를 느낄 수 있죠. 모닥불에 통닭을 통으로 굽거나 소고기를 슈하스코*처럼 구워 먹거나, 돼지고기 덩어리를 푹 삶거나…. 조리법은 단순하지만 풍부한 맛을 즐길 수 있습니다.

*두툼하게 썬 고기를 긴 쇠꼬챙이에 꿰어서 숯불에 구워 낸 브라질의 대표 음식.

소고기는 간단히 슈하스코로

고기를 꼬치에 꽂아 소금과 후추를 뿌린 후, 약한 불이나 중간 불로 오래 굽는다. 구워진 부분을 칼로 잘라 가며 먹는다. 구운 고기를 알루미늄 포일로 감싸 잠깐 두면 육즙이 풍부해진다.

통닭을 통째로 더치 오븐에

통닭 속을 잘 씻고 다진 양파나 셀러리 같은 채소, 쌀로 채운다. 다진 마늘과 소금, 후추를 바르고 더치 오븐에 넣어 상불 · 하불을 모두 쓰며 1시간쯤 굽는다.

덩어리 고기를 요리할 때는 온도가 중요하다

두툼한 덩어리 고기는 겉은 타고 속은 설익는 안타까운 결과가 되기 쉬워요. 잘 굽는 요령은 반드시 상온에 뒀다가 요리하는 것입니다. 계절에 따라 다르지만, 요리하기 1~2시간 전에는 아이스박스에서 꺼내 놓고, 만져서 미지근한 온도일 때 요리합니다. 추운 계절에는 텐트에 넣어 두어도 좋아요.

돼지고기와 닭고기는 반드시 속까지 익힙니다. 어두울 때는 랜턴으로 비춰 보며 속까지 잘 익었는지 확인합니다.

남은 덩어리 고기는 얇게 썰어 샌드위치에 넣거나 작게 썰어 볶음밥에 넣어서 즐길 수 있어요.

만능 도구 철판 하나로 편리하게 해결하자

#고기가좋아 #편리한조리도구 #간단레시피

철판 요리 ❶ 굽기

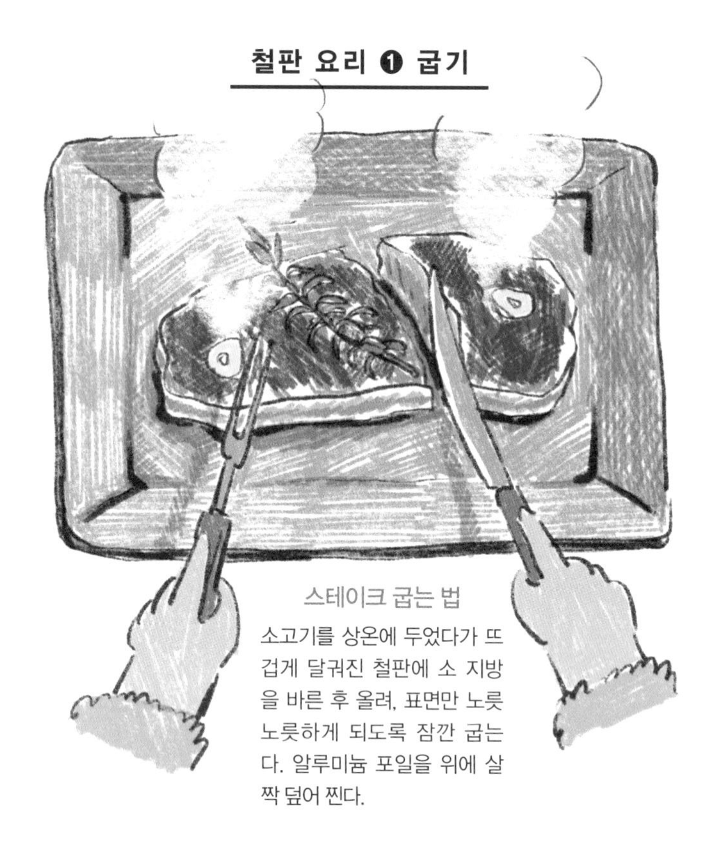

스테이크 굽는 법

소고기를 상온에 두었다가 뜨겁게 달궈진 철판에 소 지방을 바른 후 올려, 표면만 노릇노릇하게 되도록 잠깐 굽는다. 알루미늄 포일을 위에 살짝 덮어 찐다.

고기만 굽는 게 아니다! 부담 없는 철판의 우수성

어느 정도 캠핑 장비를 갖추면 짐이 많아져서 곤란해요. 그럴 때는 하나로 몇 가지 역할을 해내는 조리 도구가 고마워요. 직화로 조리할 수 있는 주철 철판은 가볍고 부피가 크지 않고 온도가 잘 전달되는 특징이 있어요. 볶음 요리에 사용하기 좋고, 테두리가 있는 제품이라면 국물 요리도 할 수 있죠. 큰 사이즈를 하나 갖추면 여러 음식을 동시에 조리할 수 있으니 추천합니다. 너무 두꺼우면 무거우니까 3~5mm 두께가 좋아요.

철판 요리 ❷ 찌기

흰살생선 중화풍 찜 만드는 법

알루미늄 포일에 흰살생선과 채를 썬 당근, 피망, 파, 생강을 넣고 술과 소금을 뿌려 싼 후, 철판에 올려 찐다. 잘 익으면 간장과 참기름을 떨어뜨린다. 취향에 따라 후추를 뿌린다.

철판 요리 ❸ 누르기

철판 핫 샌드위치 만드는 법

8장짜리 식빵에 피자용 치즈와 베이컨을 끼우고, 노릇노릇해질 때까지 철판에 굽는다. 뒤집는 타이밍에 위에서 도마로 누른다. 도마를 세로로 세워 빵 테두리를 힘껏 누르면, 핫 샌드위치 쿠커로 만든 것처럼 모양을 낼 수 있다.

다코야키 팬으로 반찬도 간식도 안주도 만들자

#편리한조리도구 #안주 #간식

다 같이 신나게 만들 수 있다!

모두 어울려 신나게 만드는 재미가 있는 다코야키 팬. 즐겁게 요리하는 것은 물론이고, 알고 보면 캠핑에서 다양한 요리를 만들 수 있는 만능 조리 도구예요. 움푹 팬 철판은 열이 골고루 전달되니까 다코야키 외에도 안주, 간식, 디저트까지 만들 수 있어요. 따로따로 구울 수 있어서 여러 종류를 조금씩 만들기도 좋아요. 또 무얼 굽든 전부 동글동글해서 귀엽죠!

딸기 파이

재료 (16구짜리 다코야키 팬)

딸기(냉동도 가능) 1팩(250g)
설탕 50g
파이 시트 1장
크림치즈 50g

조리법

1 딸기와 설탕을 냄비에 넣고 끓여 잼을 만든다.
2 파이 시트를 16등분 해 쭉쭉 펴면서 다코야키 팬에 넣는다.
3 1과 크림치즈를 넣고, 파이 시트가 노릇노릇 해질 때까지 굽는다.

사오마이

재료 (16구짜리 다코야키 팬)

양파 1/4개
저민 돼지고기 150g
소금 1/2작은술
참기름 1작은술
간장 1작은술
녹말 1큰술
만두피 16장
완두콩 16개

조리법

1 다진 양파와 저민 돼지고기, 소금, 참기름, 간장, 녹말을 잘 섞는다.
2 다코야키 팬에 기름을 두르고 만두피를 넣은 후, 2를 숟가락으로 퍼서 만두피 위에 올리고 완두콩을 장식한다.
3 뚜껑을 닫고 찐다.

혼자서도 만족!

한 입 크기여서 아이도 냠냠 잘 먹는다!

한 입 크기여서 손에 묻히지 않고 먹을 수 있어서 좋아요. 토핑이나 속 재료를 바꿔 취향대로 만들어 먹을 수도 있습니다. 딱 하나에만 초콜릿이나 치즈를 넣으면, 아이들과 즐거운 게임도 할 수 있죠.

소개한 레시피 이외에 감바스알아히요도 다코야키 팬으로 만들 수 있어요(레시피는 27쪽에). 기름을 많이 두르면 튀김도 가능하니 도넛이나 깨 경단도 만들어 봐요.

참고로 다코야키 가루를 쓸 때는, 주둥이가 넓은 페트병에 가루와 물과 달걀을 넣고 흔들어 섞어 두면 다코야키 팬에 넣기 편해요.

구운 주먹밥

재료 (16구짜리 다코야키 팬)

밥 480g(하나당 30g)
간장 1/2큰술
참기름 적당량

조리법

1. 밥에 간장을 섞어 둥근 주먹밥을 만든다.
2. 다코야키 팬에 참기름을 둘러 달구고, 1을 넣는다.
3. 뒤집으며 골고루 굽고, 노릇노릇해지면 솔로 간장을 발라 마저 살짝 구운 후 불을 끈다.

치즈퐁뒤

재료 (16구짜리 다코야키 팬)

백포도주 80mL
녹말 5g
마늘 2알
피자용 치즈 150g
좋아하는 재료(바게트, 삶은 채소, 소시지 등)

조리법

1. 백포도주에 녹말을 녹인다.
2. 얇게 썬 마늘, 치즈, 1을 다코야키 팬에 칸칸이 넣어 가열한다.
3. 치즈가 녹으면 좋아하는 재료를 넣어 치즈와 함께 먹는다.

다 같이
신나게!

반찬도 밥도 사각 반합으로 능숙하게

#편리한조리도구 #밥이좋아 #혼캠핑

사각 반합 하나만 있으면 모든 요리 가능

몇 년 전부터 인기를 얻고 있는 간편한 조리 도구 사각 반합. 알루미늄이라 열전도율이 높고, 밥은 물론이고 찜이나 볶음 요리도 할 수 있어요. 요리를 마치고 그대로 식기로 써도 되지요. 가볍고 작아서 들고 다니거나 수납하기도 편해요.

찜 요리를 할 때 쓰는 찜망이나 사각 반합용 철판 등 전용 도구도 다양해요. 다만 너무 센 불로 물기 없이 쓰면, 열로 인해 반합에 손상이 생길 가능성이 있으니 주의하세요.

사각 반합
브랜드에 따라 크기가 제각각. 인기 좋은 트란지아의 사각 반합은 쌀 1.8홉(약 270g)을 지을 수 있는 크기와 3.5홉(약 525g)을 지을 수 있는 크기로 2종류가 나온다. 3.5홉은 가족 캠핑에도 추천.

찜망
사각 반합에 찜망과 물을 넣으면 찜 요리도 할 수 있다.

버너
작은 버너로 조리할 수 있어서 편리.

뚜껑
알루미늄이어서 뚜껑으로도 조리할 수 있다.

사각 반합으로 짓는 1인분 밥

재료

쌀 1홉(약 150g)
물 200mL

조리법

1 쌀을 씻어 30분간 200mL의 물에 담가 둔다.
2 센 불로 끓인다.
3 끓으면 약한 불로 낮춰 뚜껑을 덮고 12분간 밥을 짓는다.
4 불을 끄고 사각 반합을 수건으로 감싼 후, 뒤집어서 10분간 뜸을 들인다.
5 뚜껑을 열어 밥을 잘 섞는다.

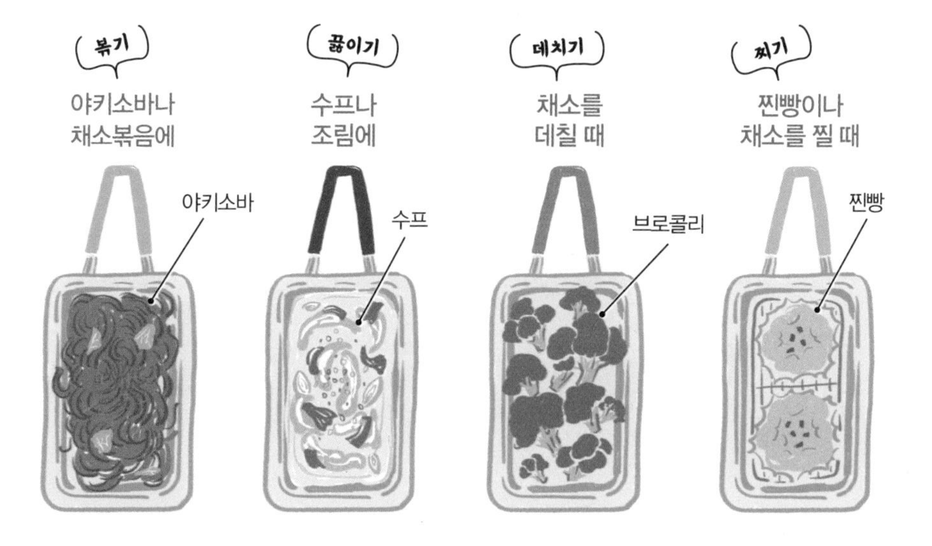

처음 쓸 때와 관리법

새로 산 사각 반합에는 금속 가공 후 생기는 돌기가 있으니 뚜껑과 본체 가장자리를 종이나 사포로 문질러 줍니다. 그대로 쓰면 다칠 수 있으니 꼭 해 주세요.

구입 후 '시즈닝' 없이 사용하면 알루미늄 냄새가 나고 음식이 눌어붙기 쉬워요. 시즈닝 방법은 간단해요. 사각 반합 본체를 쌀뜨물에 담가 중탕으로 15분쯤 끓입니다(이때 손잡이는 뗍니다). 식으면 부드러운 스펀지로 닦아 주세요.

수제 햄버거를 만들자

#모닥불_숯불레시피 #고기가좋아 #야성적레시피

숯불로 직접 패티를 구워 보자

숯불로 패티와 베이컨, 양파를 구우면, 캠핑에서 수제 햄버거를 직접 만들 수 있어요. 햄버거 번도 구수하게 굽는 게 포인트! 가족이나 친구와 함께 캠핑할 때는, 재료를 다양하게 준비해 철판에 굽고 각자의 취향대로 나만의 버거를 만들어도 재미있죠. 햄버거 고기 대신에 갈비나 양고기, 갈릭 새우도 추천해요. 냉동 감자튀김을 냄비로 튀겨 곁들이면 완벽해요!

컵라면을 색다르게 활용하자

#간단레시피 #혼캠핑 #변형레시피

견과 라면

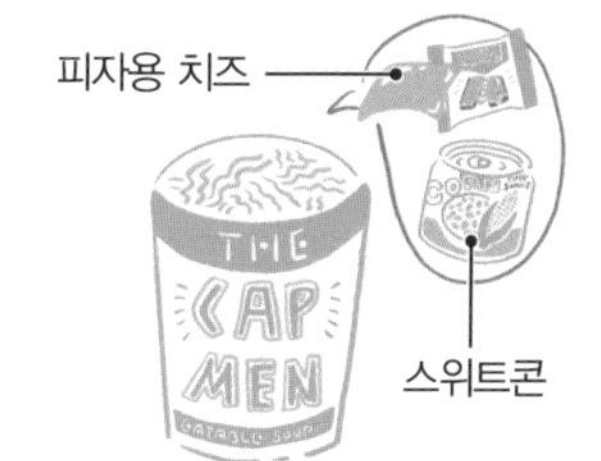

치즈콘 라면

달걀마요 라면

카레 라면

우유 라면

매콤! 토마토 라면

컵라면의 변신은 무한대!

텐트를 치기 전에 간식으로나 등산 후에 점심으로 좋아요. 요리하기 어려운 상황에서는 컵라면만큼 배를 채우기 좋은 음식이 없어요. 그냥 먹어도 맛있고, 변화를 주면 독특한 맛을 즐길 수 있습니다. 요령은 단순한 맛의 컵라면을 고를 것! 또 라면수프나 물의 양을 조절해 입맛에 맞게 간을 조절하는 것이에요. 다양하게 시도하며 원하는 맛을 찾아 보세요. 수프나 고명이 따로 든 컵라면은 물을 버린 후 수프를 넣어 볶음라면처럼 먹을 수 있어요.

달군 돌에 최고의 스테이크를 굽자

#고기가좋아 #비법레시피 #모닥불_숯불레시피 #야성적레시피 #돌

돌에 구우면 더 맛있다

돌에 구운 고구마나 스테이크. 일상에서는 할 수 없는 조리법도 캠핑에서라면 할 수 있어요! 돌이 원적외선을 내뿜어 재료 내부부터 가열하니까 스테이크 고기가 부드럽게 구워져요. 고기가 올라갈 평평한 돌을 숯불이나 석쇠 위에 얹고, 돌이 달궈지면 고기를 구워요. 젖은 돌은 가열하면 깨져서 사방으로 튈 수 있으니 건조된 돌을 쓰세요.

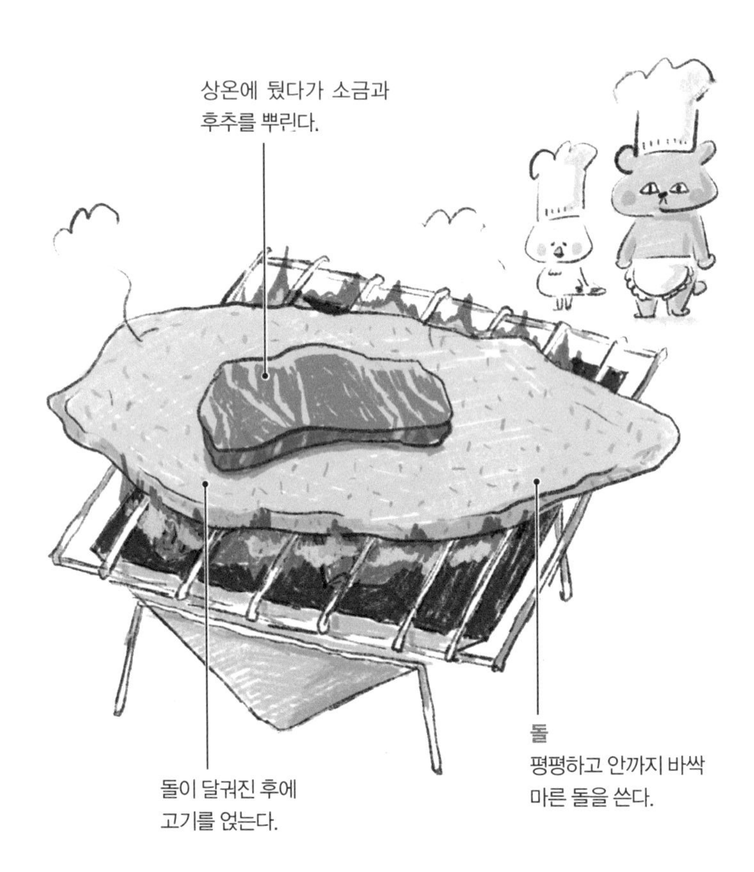

통조림으로 간단한 안주 만들기

#안주 #변형레시피 #혼캠핑

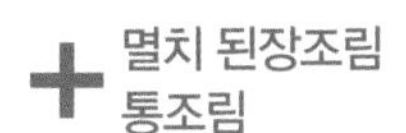

멸치 된장조림 통조림

진한 된장으로 맛을 낸 멸치 된장조림 통조림에는 치즈가 잘 어울린다. 무쇠팬에 멸치 된장조림 통조림을 넣고 피자용 치즈를 얹어 가열한 후, 시치미를 위에 뿌린다.

고등어 통조림

가시까지 부드럽고 감칠맛이 있으며 고등어를 그냥 먹을 때보다 영양가가 높다. 비빔밥으로 먹거나 된장국에 넣어도 맛있다.

닭고기 통조림

맛이 진한 닭고기 통조림은 산뜻한 맛과 어울린다. 아보카도나 구운 양파를 곁들이거나, 부침 두부와 섞어 먹어도 맛있다.

스팸

스팸 하나만 표면이 바삭바삭해질 때까지 구워 먹어도 맛있는데, 피망이나 죽순과 함께 잘게 썰어 고추잡채처럼 만들면 어떨까?

추천하는 통조림

어패류 고등어, 멸치, 굴, 바지락, 정어리, 참치
고기 콘비프, 소고기조림, 돼지고기, 스팸, 닭고기
채소 아스파라거스, 올리브, 스위트콘, 토마토, 콩
과일 귤, 체리, 복숭아, 알로에, 망고, 사과
※ 통조림째 직화로 조리하면 안 됩니다.

새삼스럽지만… 통조림은 편리하다!

보존 기간이 길고 상온에 두어도 되는 통조림을 캠핑 요리에 안 쓰면 아깝죠! 그냥 반찬으로 먹어도 좋고, 간단하게 안주로 만들기 좋으니 몇 개쯤 챙겨 가요.

재난을 대비해 비상대비용품으로 사 둔 통조림의 유통 기한이 아슬아슬해지면 캠핑에서 소비하는 습관을 들여도 좋겠죠. 매년 시기를 정해 두면 깜박하는 일도 없고, 재난을 대비해 조리 훈련도 할 수 있어요.

훈제하면 맛있는 재료를 찾자

#안주 #변형레시피 #DIY

종이 상자로 훈제기를 만든다

집에서 훈제 요리를 하면 냄새나 연기가 걱정되지만 널찍한 야외 캠핑장에서 하면 걱정 없어요. 종이 상자로 간편하게 훈제기를 만들어 요리해 볼까요?

전용 훈제기도 있지만, 상자로 만든 훈제기는 그때그때 만들어 다 쓴 후에는 버리면 되니까 간단해요. 덩어리 고기를 매달아 베이컨을 만들고 싶다면, 세로로 길쭉한 상자로 만들어서 고리를 걸어 매달면 돼요.

훈제기 만드는 법

필요한 도구

- 종이 상자(귤 상자 크기)
- 석쇠
- 훈연 청크 혹은 훈연 칩
- 라이터
- 볼 혹은 내열 알루미늄 접시

1. 테이프로 상자를 단단히 붙이고, 정면을 커터 칼로 잘라 문을 만든다.
2. 중앙에 석쇠를 붙이고 석쇠 위에 재료를 놓는다.
3. 훈제기 밖에서 훈연 청크나 칩에 불을 붙이고 부채질해서 연기가 나면 내열 알루미늄 접시나 볼에 담아 훈제기 안, 석쇠 아래에 둔다.
4. 문을 꽉 닫아 연기가 가득 차게 하고 1~2시간 기다린다. 재료에 향이 배고 갈색으로 바뀌면 완성!

훈연 식재료 순위

혼합 견과

훈제한 호두나 아몬드는 구수한 안주로 좋다. 마른 과일을 같이 훈제해도 맛있다. 석쇠 아래로 잘 떨어지므로 접시에 담아 넣는다.

치즈

프로세스치즈나 카망베르에 통후추를 양껏 뿌리자. 카망베르는 잘 녹으므로 자르지 말고 그대로 훈제한다.

라면땅

훈제하면 살짝 따뜻해지고특히 냄새가 좋아진다. 맥주 안주로 최고다. 스낵 과자 중에 훈제하면 맛있는 것이 더있는지 찾아 보자.

연어 & 열빙어

횟감 연어나 열빙어를 훈제하면 정종과 잘 어울리는 안주가 된다. 말린 열빙어를 써도 좋다. 생물 훈제를 하고 싶다면 여름은 피하자.

소시지 & 베이컨

이미 훈제된 소시지나 베이컨도 다시 훈제하면 향이 더욱 좋아진다. 익숙해지면 덩어리 고기를 베이컨으로 훈제해도 좋다.

삶은 달걀

훈제할 때는 반숙으로 삶아 껍질을 벗겨 놓는다. 가볍게 집어 먹고 싶다면, 시중에 파는 깐 메추리알을 쓰면 편리하다.

그 밖에도…
닭 날개나 양파, 굴, 문어, 청어, 햄도 추천.

말리면 더 맛있다!
캠핑에서 채소를 말리자

#비법레시피 #직접만든재료 #채소가좋아

말리면 맛이 더욱 짙어진다

말린 채소는 수분이 없어서 맛이 농후해집니다. 독특한 식감도 중독적이죠. 말린 채소를 만들기 좋은 날은, 화창하고 건조하고 바람이 부는 날입니다. 습도가 낮은 겨울에 더 잘 말라서 금방 만들 수 있어요. 캠핑에서 말린 채소는 바로 요리에 쓰고, 다 먹지 못한 것은 집으로 가지고 돌아가면 좋겠죠. 바싹 마른 채소는 상온에 보관해도 되고 부피도 줄어드니까 다음 캠핑 때 챙기기도 편리해요.

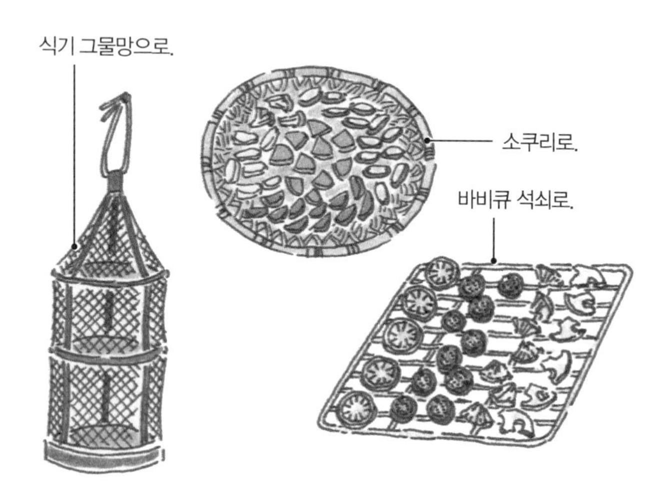

말린 채소를 만드는 도구는 3종류

채소를 말리려면 채소를 펼쳐 놓을 석쇠 같은 도구가 필요해요. 수분이 아래에 고이면 곰팡이가 생길 수 있으니 앞면과 뒷면 모두 바람이 통해야 합니다. 말린 채소 전용 그물망이 있으면 편리한데, 식기를 말릴 때 쓰는 그물망으로 해도 괜찮아요. 바비큐용 석쇠나 소쿠리로도 채소를 말릴 수 있습니다. 구멍이 크면 마르면서 수축한 채소가 틈으로 빠지니까 주의하세요.

말리기 적합한 채소는 수분이 적은 것

채소 말리기에 처음 도전한다면, 수분이 적은 채소부터 시작해야 실패하지 않아요. 버섯이나 당근, 호박, 배추가 비교적 빨리 마릅니다.

말릴 때는 개미 같은 곤충이 채소에 올라오지 않게 지켜보거나, 구멍이 촘촘한 그물을 씌워요.

절임 요리에

오이나 무를 얇게 썰어 말린다. 잘 마르면 장아찌로 담가 먹는다.

국물 요리에

마늘이나 양파, 토마토를 잘 말려서 국물을 낼 때 넣으면, 감칠맛이 녹아들어 맛이 훨씬 깊어진다.

볶음 요리에

배추나 애호박, 파프리카도 말리면 요리할 때 맛이 잘 스며든다. 잎채소는 한 장 한 장 떼어 말린다.

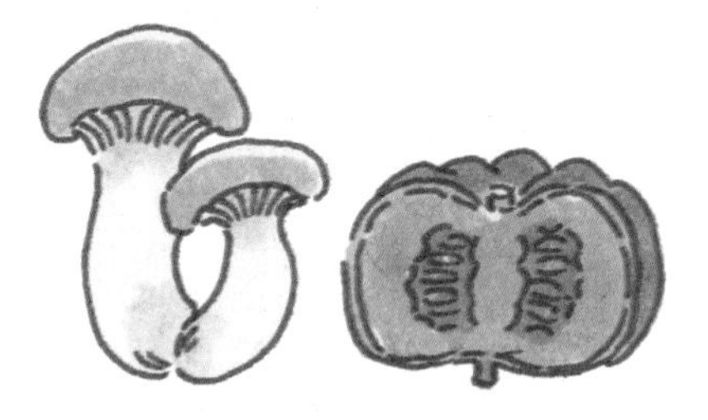

삶는 요리에

고구마나 호박, 연근 같은 뿌리채소는 말리면 단맛이 짙어진다. 삶는 요리에 추천.

보관할 때는 실리카 젤이 있으면 좋다

채소를 덜 건조된 상태로 잘못 보관하면 곰팡이가 생깁니다. 덜 건조된 것은 냉장고에 보관하고 가능한 빨리 먹습니다. 제대로 건조한 것은 실리카 젤과 함께 봉지에 담아 밀폐해 둡니다.

과일 바비큐를 우아하게 즐기자

#간식 #비법레시피 #모닥불_숯불레시피 #따끈레시피

굽기만 해도 맛있고 촉촉

모닥불에 다양한 과일을 구워 보자. 살짝 탄 부분도 바삭바삭 맛있다!

구운 바나나

바나나 껍질에 칼집을 한 번 넣고 굽는다. 바나나가 익어 부드러워지면 완성.

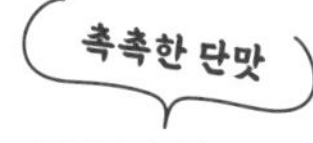

그릴 복숭아

복숭아를 반으로 잘라 씨를 제거한다. 씨가 있던 부분에 버터를 넣고 시나몬을 뿌린다. 껍질을 아래로 하고 석쇠에 올려 가열한다. 속까지 부드러워지면 완성.

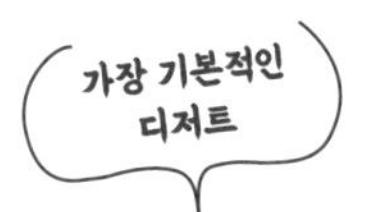

통째로 구운 사과

심을 도려내 버터를 채우고 시나몬 스틱을 세운다. 알루미늄 포일에 싸서 굽는다.

과일은 구우면 단맛이 강해진다!

과일은 대부분 구우면 더 달아져요. 고기나 채소를 구울 때 과일도 같이 구워 보세요. 포도나 오렌지는 꼬치에 고기와 교차로 끼워 바비큐 소스와 먹으면 좋아요. 달짝지근하고 짭조름해서 맛의 균형이 최고죠. 귤이나 바나나는 껍질을 벗기지 말고 석쇠 위에 올려 굽고, 껍질 색이 변하면 먹습니다.

파인애플이나 사과를 고기와 함께 양념에 재워 두었다가 구워도 좋아요. 고기가 더 부드러워집니다. 따뜻한 과일은 홍차나 적포도주에 넣어도 맛있죠. 모닥불 주위에 둘러앉아 불멍 타임을 가지며 과일을 굽고, 팬케이크에 곁들여 아침으로 먹는 등 다양하게 즐겨 보세요.

그릴 망고 핫 샌드위치

노릇노릇 구워진 망고와 피자용 치즈를 핫 샌드위치로.

파인애플 스테이크

스테이크와 함께 통조림 파인애플을 굽는다. 따뜻한 파인애플은 달콤새콤함이 더 강해진다.

오렌지 돼지고기 그릴

덩어리 돼지고기와 오렌지를 함께 푹 끓인다. 자두나 살구를 넣어도 맛있다.

마시멜로 디저트 '스모어'를 먹어 보자

#간식 #안주 #모닥불_숯불레시피

조리법

큼지막한 마시멜로를 모닥불에 구워 표면이 갈색으로 변하면 초콜릿과 함께 통밀 크래커 사이에 끼운다.

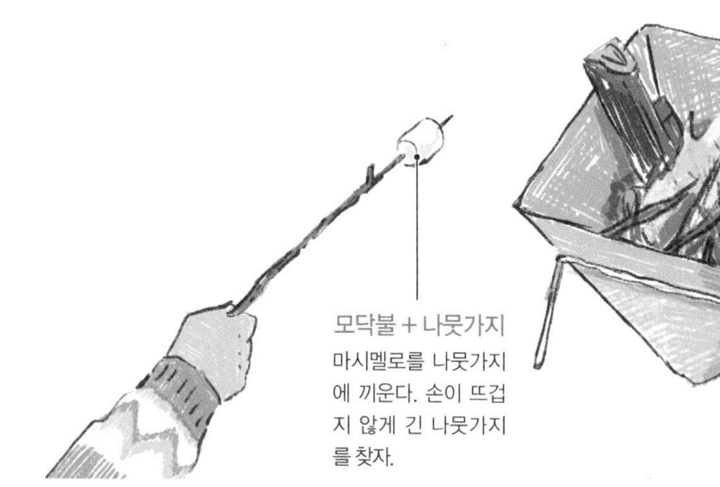

더 먹을래! 이 말이 저절로 나오는 맛

캠핑 디저트라면 누가 뭐래도 스모어가 최고죠! 모닥불에 둘러앉아서 마시멜로를 구워 초콜릿과 함께 통밀 크래커에 끼워 먹어 보세요. 'some more(더 줘!)'를 줄인 '스모어'가 이름이 될 정도로 구운 마시멜로는 맛있어요. 그냥 마시멜로를 먹는 것과는 차원이 다르니 마시멜로를 좋아하지 않는 사람도 시도해 보세요! 표면을 캐러멜처럼 노릇한 갈색으로 굽는 걸 추천해요.

다양한 스모어 레시피

❶ 과자를 바꾼다

블랙 비스킷
살짝 쓴맛이 난다. 단맛을 좋아하지 않은 사람에게 추천.

짭조름한 비스킷
짠맛과 단맛이 균형 잡힌 어른의 맛. 취향에 따라 후추를 폴폴.

초콜릿 비스킷
맛도 좋고 초콜릿을 따로 끼우지 않아도 되니 간편.

❷ 안주로 만든다

카키노타네* 스모어
무쇠팬에 마시멜로를 녹이고, 카키노타네를 넣는다. 짭짭하고 매콤한 카키노타네와 달콤한 마시멜로의 궁합이 아주 좋다!
*감씨처럼 생긴 일본 쌀과자.

치즈 꼬치구이
카망베르와 마시멜로를 교대로 꼬치에 꽂아 굽는다. 둘 다 말랑말랑해지면 먹는다.

베이컨으로 똘똘
마시멜로를 베이컨으로 똘똘 말고 꼬치에 꽂아 굽는다. 달고 짭조름해서 자꾸 손이 간다!

❸ 따뜻한 음료

스모어 밀크티
홍차에 따뜻한 우유를 부어 밀크티를 만들고, 구운 마시멜로를 넣는다.

커피 스모어
따뜻한 커피에 구운 마시멜로를 넣는다! 커피에 부드러운 단맛을 토핑.

모닥불로 굽는 안주를 즐기자

#안주 #간단레시피 #모닥불_숯불레시피

모닥불에 둘러앉으면 이상하게 굽고 싶다!

캠핑의 꽃은 역시 모닥불. 술이 있다면 굽는 안주가 최고죠. 모닥불로 구운 안주는 따뜻해서 좋고 훈연 향이 배니까 더 맛있어요. 또 꼬치를 빙글빙글 돌리며 잘 구워졌나 확인하는 것도 즐거워요!

다만 타기 쉬우므로 생으로도 먹을 수 있는 것이나 빨리 익는 재료가 좋아요. 손이 뜨겁지 않게 긴 꼬치를 준비해 구운 안주를 즐겨 봐요.

술이 술술 들어가는 구운 안주

남은 재료나 안주를 간단히 구워도 좋고, 따로 재료를 준비해 만들어 봐도 좋다.

열빙어 치즈
열빙어(빨간대구 같은 건어물도 좋다)를 구워 치즈 가루와 파래를 뿌린다.

떡 베이컨
가래떡을 적당히 잘라 베이컨으로 싸고, 통후추를 뿌려 굽는다.

배가 든든해지는 구운 안주

배가 고프면 잠이 안 오는 당신에게 추천! 빵과 밥을 굽는 든든한 안주.

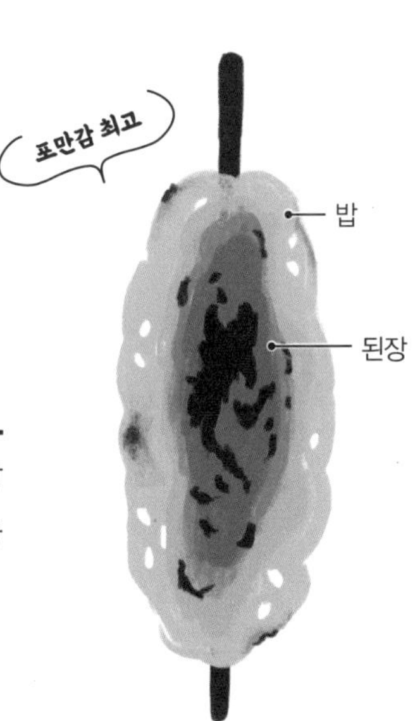

납작 떡밥
젖은 손으로 밥을 쥐어 굵은 막대에 붙이고 된장을 발라 굽는다. 누룽지처럼 될 때까지 구워야 맛있다.

베이컨 에피
베이컨이 들어간 빵. 구우면 더욱 바삭바삭하다! 통후추를 뿌리거나 머스터드를 찍어 먹어도 맛있다.

내 취향대로 커피콩을 볶아 보자

#음료 #비법레시피 #모닥불_숯불레시피

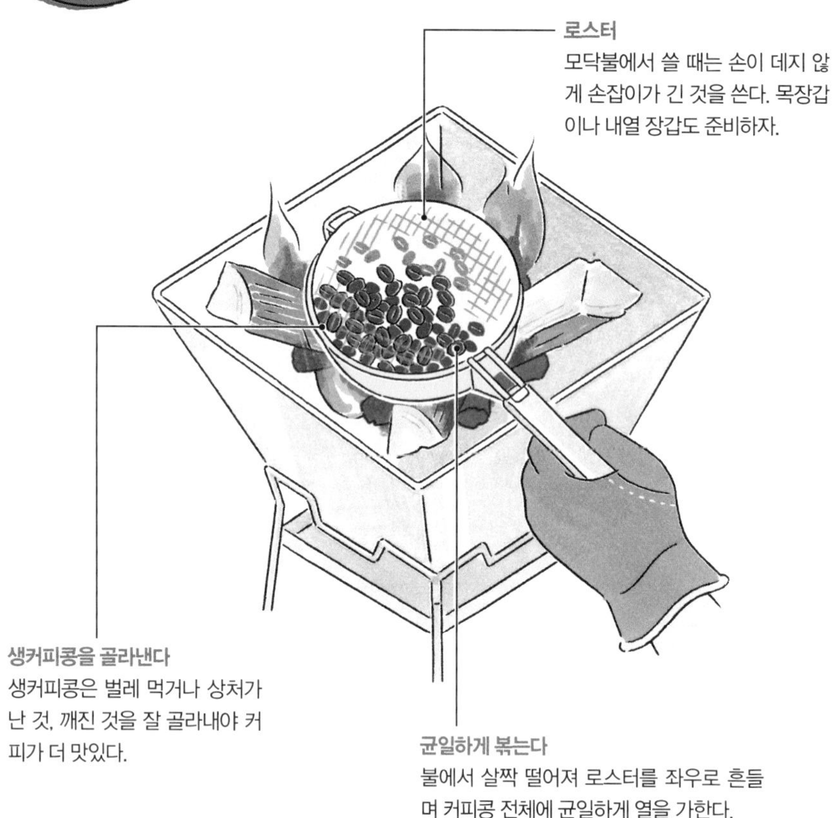

직화여서 훨씬 더 풍부한 향

캠핑하면서도 지금 막 내린 커피를 마시고 싶은 사람에게 권합니다. 생커피콩을 내 입맛에 맞게 모닥불로 로스팅하면, 커피 마시는 시간이 몇 배는 더 행복해지겠죠. 시에라컵으로도 할 수 있지만, 로스터를 쓰면 코 사이로 상한 콩을 떨어뜨릴 수 있으니 추천합니다. 처음에는 원하는 대로 하기 어렵겠지만, 로스팅해 보며 차츰차츰 최고의 커피 맛을 찾는 과정을 즐겨 봐요.

라이트 로스팅 로스팅 시간 7~9분 정도	미디엄 로스팅 로스팅 시간 10~11분 정도	프렌치 로스팅 로스팅 시간 12~13분 정도
신맛이 강하며 꽃향기가 난다.	부드럽고 쓴맛과 신맛의 균형이 좋다. 카페라테에 추천.	진한 맛이 나고 쓴맛이 강해 씁쓸한 초콜릿 같다.

로스팅 요령

❶ 튀는 소리에 귀를 기울인다

로스팅 시간의 기준은 커피콩이 탁탁 '튀는' 소리. 처음 들렸을 때를 '1 팝핀'이라고 하고, 이 소리가 끝나기 전에 꺼내면 라이트 로스팅. '2 팝핀'이 끝나기 전에 꺼내면 미디엄 로스팅.

❷ 눈과 코로 체크

커피콩의 색 변화와 향으로도 로스팅 단계를 확인할 수 있다. 프렌치 로스팅일 때는 커피콩 표면에 기름이 배어나니 윤기도 살핀다.

❸ 커피콩을 빨리 식힌다

로스팅이 끝나면, 부채질을 하는 등 커피콩을 최대한 빨리 식힌다. 뜨거운 상태로 두면 로스팅이 진행되고 향이 날아가니 주의.

커피콩 하나로 다양한 맛을 즐길 수 있다

같은 커피콩도 로스팅하는 시간에 따라 맛과 향이 달라져요. 로스팅 시간이 길수록 쓴맛은 강해지고 카페인 함유량이 낮아져요. 잠을 쫓고 싶은 낮에는 짧은 시간 동안 볶는 라이트 로스팅으로, 늦은 밤에는 오래 로스팅해서 프렌치 로스팅으로 커피를 즐겨 보세요.

강한 불로 로스팅하면 커피콩이 겉만 탈 수 있으니 최대한 먼 불에서 천천히 볶는 것이 요령이에요. 특히 라이트 로스팅은 가열하는 시간이 짧아 고루 열을 가하기 어려우니 처음에는 프렌치 로스팅을 추천합니다.

북유럽 스타일의 커피 가루를 끓여 먹는 커피를 즐기자

#음료 #비법레시피 #야성적레시피 #따끈레시피 #북유럽스타일

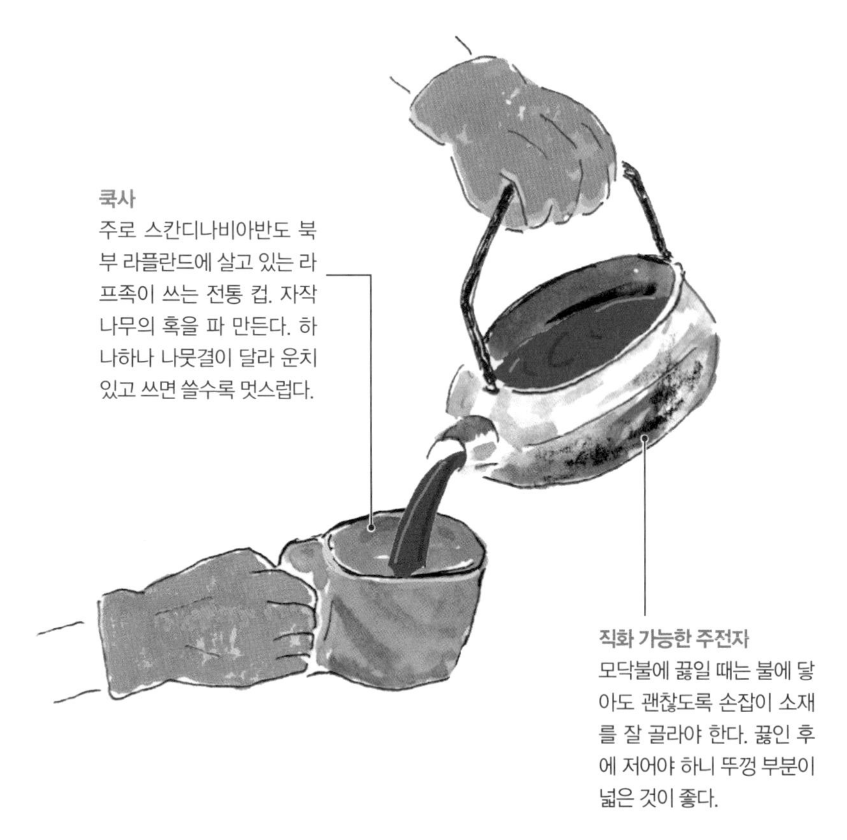

야외 커피를 즐기는 사람들에게 사랑받는 커피

1960년대에 드립 커피가 등장하기 전까지, 스웨덴에서는 끓여 마시는 커피인 '콕카페'가 일반적이었어요. 야외에서 일하는 사람들이 마셨기에 필드 커피라고도 해요.

드립 커피와는 다른 야성적인 맛이 나서 캠핑에 잘 어울리죠. 전용 주전자나 컵을 쓰면 장비를 길들이는 즐거움도 있어요. 만드는 방법이 다양하니 시도해 봅시다.

내 입맛에 맞는 방법을 찾자

끓여 마시는 커피의 기본 방법입니다. 처음에는 그대로 따라 해 보고 입맛에 맞게 바꿔요.

---

1. 주전자에 물을 넣고 모닥불에 올린다. 물이 끓으면 불에서 내린 후, 주전자에 커피 가루를 넣는다(물 240mL에 가루 20g 정도).
2. 다시 불에 올렸다가 끓기 직전에 내린다.
3. 뚜껑을 덮고 5분쯤 기다린다.
4. 가루가 들어가지 않게 조심하며 컵에 따른다.

끓여 마시는 커피는 드립 커피보다 쓰고 진하며, 커피에 함유된 유분이 많이 추출되므로 감칠맛이 나고 커피 본래의 향과 맛을 즐길 수 있습니다.
커피 가루를 처음부터 물과 함께 넣고 끓여서 추출 시간을 길게 하기, 마지막에 찬물을 한 컵 넣어 온도 차로 대류를 일으켜 추출하기 등 방법이 다양해요. 또 소금을 한 자밤 넣으면, 쓴맛과 신맛이 부드러워져요. 단 센 불로 팔팔 끓이거나 지나치게 오래 끓이면 향이 날아가 쓰기만 하니까 주의하세요.
컵에 따를 때 필터나 차망으로 거르면 유분이 줄어 맛이 산뜻해져요. 거르지 않는다면 컵에 가루가 들어가지 않게 천천히 따릅니다. 마지막 커피까지 전부 따르지 마세요. 커피 가루를 끓여 먹는 야성적인 커피. 익숙해지면 오로지 이것만 찾게 되는 중독적인 맛이에요.

원심력으로 가라앉힌다

주전자를 추처럼 천천히 흔들어 가루를 가라앉히는 방법도 있다. 가루가 바닥에 다 가라앉은 후에 천천히 커피를 따른다.

재탕, 삼탕을 즐긴다

주전자에 남은 커피 가루에 다시 물을 넣고 끓여 재탕한다. 처음보다 강렬한 맛은 떨어지지만 부드러워서 마시기 편하다.

PART 1 food 024

따끈따끈 마살라 차이를 만들어 보자

#음료 #향신료 #비법레시피 #따끈레시피

향신료로 만드는 본격적인 맛

캠핑이라면 역시 커피지만, 가끔은 홍차도 좋겠죠? 홍차에 향신료를 넣고 끓인 인도의 밀크티 '마살라 차이'는 톡 쏘는 향과 풍부한 감칠맛이 있어서 아침에 일어났을 때나 노느라 지쳤을 때 체력 회복용으로 마시면 좋아요.

간편하게 쓸 수 있는 마살라 차이 전용 혼합 향신료도 팔지만, 향신료를 따로따로 구매해 취향대로 배합해 봐요. 나만의 마살라 차이 배합 향신료를 봉지에 담아 캠핑 동료에게 선물해도 의미 있죠.

향신료를 부수는 것부터 시작하자

차이에 넣는 향신료로 시나몬 스틱, 팔각, 카더몬, 정향을 추천해요. 통향신료로 사서 봉지에 넣고 돌이나 밀방망이로 살짝 부숩니다. 향신료는 그대로 끓이기보다 뭉개서 끓여야 향과 감칠맛이 좋아져요. 시나몬 스틱은 반으로 부러뜨립니다.

마살라 차이 만드는 법

재료 (2인분)

시나몬 스틱 1개
팔각 2개
카더몬 2알
정향 3알
생강 슬라이스 2쪽
홍차 잎 5g(혹은 티백 1개)
물 200mL
우유 200mL
설탕 1/2큰술

조리법

1. 냄비에 부순 향신료와 홍차 잎, 물을 넣고 끓인다.
2. 끓기 시작하면 우유를 넣고 5분쯤 더 끓인다.
3. 불을 끄고 설탕을 섞은 후, 차망으로 거른다.

따뜻한 술을 한 손에 들고 느긋한 대화를 나누자

#음료 #비법레시피 #향신료 #따끈레시피

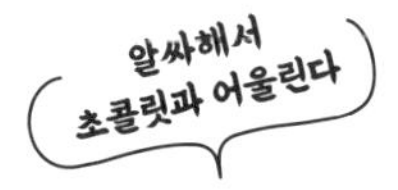

핫 포도주

재료 (2인분)

적포도주 200mL
꿀 2큰술
정향 2알
팔각 1개
시나몬 스틱 2개
레몬(동글게 썬 것) 2쪽

조리법

1. 냄비에 적포도주와 꿀, 정향, 팔각, 시나몬 스틱을 넣고 끓어오르기 직전까지 데운다.
2. 컵에 따른 다음 레몬을 띄운다.

몸도 마음도 후끈후끈! 대화가 꽃피는 따뜻한 술자리

캠핑장의 밤은 생각보다 추워요. 차가운 맥주가 당기지 않는 계절에는 따뜻한 술로 몸을 후끈후끈 데우면 어떨까요? 정종이나 와인, 럼, 브랜디 등…. 어떤 나라에서는 맥주를 따뜻하게 데워 마시기도 해요. 다만 너무 데우면 알코올이 다 날아가니 끓기 직전에 멈추는 것이 요령입니다. 따뜻한 술을 마시며 추위를 즐겨 보세요.

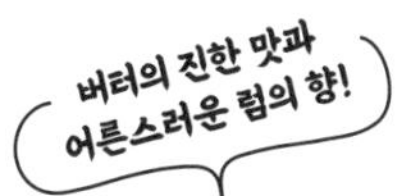

핫 버터드 럼

재료 (2인분)

물 120mL
설탕 1작은술
마이어스 럼 45mL
버터 10g
시나몬 스틱 2개

조리법

1. 냄비에 물과 설탕을 넣고 끓인다.
2. 냄비를 불에서 내려 럼을 넣고, 컵에 따른 다음 버터를 띄운다.
3. 시나몬 스틱으로 저으며 마신다.

핫 밀크주

재료 (2인분)

정종 100mL
우유 200mL
설탕 2큰술
시나몬 파우더 취향껏

조리법

1. 시에라컵에 우유와 설탕을 넣고 끓인다.
2. 보글보글 우유 거품이 올라오면 정종을 넣고, 끓기 직전에 불에서 내린다.
3. 취향껏 시나몬 파우더를 뿌린다.

인생 최고의 군고구마를 만들자

#간식 #모닥불_숯불레시피 #따끈레시피 #돌

불잉걸로 차분히

숯에서 조금 먼 곳에 알루미늄 포일로 싼 고구마를 넣는다. 상황을 살피며 30~40분 굽는다. 물에 적신 신문지나 키친타월로 싼 후에 알루미늄 포일로 싸면 식감이 촉촉하다.

돌에 굽기

냄비에 돌을 깔고 그 위에 고구마를 얹은 다음 뚜껑을 덮고 불 위에 올린다. 1시간~1시간 30분쯤 걸리지만 그만큼 단맛이 강해진다. 돌은 조리 전용이나 원예용 굵은 자갈을 사용할 것.

간단하고 맛있는 간식을 만들자

모닥불을 피웠다면 역시 군고구마가 당기죠. 이왕 굽는다면 더 맛있게 굽고 싶고요! 저온에서 수분을 날리며 오래 굽는 게 핵심. 이러면 단맛을 더 많이 끌어낼 수 있습니다. 중간에 뒤집어서 전체적으로 굽는 것도 중요해요. 고구마 종류는 탄탄한 밤고구마, 촉촉한 호박고구마를 추천합니다.

굵기나 크기에 따라 가열 시간이 달라지니 잘 확인하며 굽습니다.

놀면서 아이스크림을 만들자

#간식 #아이와함께 #차가운레시피

소금의 힘으로
얼음에 소금을 뿌리면 얼음이 빨리 녹는데, 주변의 열을 빼앗는 속도도 빨라져 어는점 아래까지 온도가 내려간다. 단기간에 맥주를 차갑게 할 때도 효과적.

도구
- 차통 크기의 작은 캔
- 작은 캔을 넣을 수 있는 분유통 크기의 캔
(큰 캔과 작은 캔의 지름이 3cm 이상 차이 나야 함)
- 비닐 랩
- 고무줄
- 면테이프
- 캔을 쌀 수건

재료 (2인분)
우유 150mL
생크림 50mL
설탕 50g
얼음 적당량
소금 약 200g

마구 캔을 걷어차면 끝!

작은 캔에 우유와 생크림, 설탕을 넣고 비닐 랩과 면테이프로 액체가 흘러나오지 않도록 단단히 막아요. 작은 캔을 얼음과 소금과 함께 커다란 캔에 넣고 뚜껑을 닫으면, 아이스크림 제조기 완성! 수건에 싸 축구를 하듯이 걷어차면 얼음이 녹으면서 온도가 내려가고 우유와 설탕이 섞여 차가운 아이스크림이 됩니다. 코코아 파우더나 견과류를 넣어도 좋습니다.

마음에 쏙 드는 팝콘 맛을 찾자

#간식 #아이와함께 #변형레시피

먹으며 비교할래! 어떤 맛이 좋아?

팝콘을 직접 만들면 프라이팬에서 통통 튀는 모습을 구경하는 재미도 있고 간식이나 안주로도 좋죠. 새로운 맛을 시도해 봐도 즐거워요.

만드는 법은 간단! 프라이팬에 샐러드유와 버터를 넉넉히 두르고, 팝콘용 옥수수를 넣으세요. 그런 다음 뚜껑을 덮고 흔들며 가열해요. 프라이팬을 흔들었을 때 옥수수가 부딪치는 소리가 나지 않으면 완성. 뜨거운 팝콘이 튀어 오를지 모르니 조심해서 열어요.

치즈 맛
치즈 가루와 소금을 뿌린다.

매콤한 맛
카레 파우더와 소금을 뿌린다.

캐러멜 맛
마시멜로를 가열해 팝콘에 섞는다.

콘수프 맛
콘수프 가루를 뿌린다.

콩 맛
콩가루와 설탕을 뿌린다

다시마차 맛
다시마차 가루를 뿌린다.

직화로 바움쿠헨을 굽자

#간식 #아이와함께 #모닥불_숯불레시피

조리법

1 반죽을 붙일 막대를 준비한다. 막대 지름이 바움쿠헨의 구멍이 되니 대나무 통 정도 굵기를 고른다.

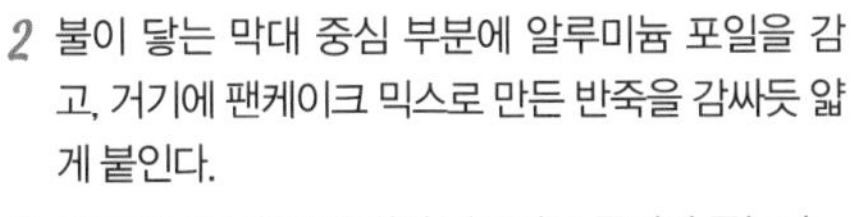

2 불이 닿는 막대 중심 부분에 알루미늄 포일을 감고, 거기에 팬케이크 믹스로 만든 반죽을 감싸듯 얇게 붙인다.

3 모닥불이나 숯불에 걸어 빙글빙글 돌리며 굽는다.

4 반죽이 노릇노릇해지면 반죽을 덧발라 굽는다. 반복해서 한다.

5 조금씩 두꺼워져서 원하는 크기가 되면, 그대로 열기를 식힌 후 막대에서 뺀다.

팬케이크 믹스로 만드는 행복한 간식

특수한 오븐이 필요한 바움쿠헨*. 캠핑에서라면 화로대를 이용해 직화로 간단히 만들 수 있어요. 애초에 나무 막대에 반죽을 붙여 구운 음식이니까 캠핑과 잘 맞아요. 완성까지 시간이 좀 걸리지만, 나이테가 멋지게 생기면 그야말로 감동적!

반죽에 가루차 파우더를 넣으면 예쁜 초록색 바움쿠헨을 만들 수 있어요. 다 구워진 후 바깥 면을 아이싱해도 좋아요.

*통나무처럼 생긴 독일의 전통 케이크. 여러 겹으로 굽기 때문에 케이크를 자르면 통나무의 나이테와 흡사한 고리가 생긴다.

폭신폭신한 카스텔라를 굽자

#간식 #더치오븐 #아이와함께

부드럽고 맛있어! 폭신폭신 카스텔라!

캠핑 간식으로 카스텔라를 추천합니다. 달걀과 우유, 설탕 등 간단한 재료로 만드는 카스텔라는 식감이 부드러워 아이에게도 어른에게도 좋은 간식이에요.

폭신폭신하게 만드는 요령은 뿔이 설 때까지 잘 저어 머랭을 낼 것. 그리고 약한 불로 오래오래 구울 것. 과정 하나하나를 차분하게 따라가면 부드러운 카스텔라가 완성됩니다.

폭신폭신 카스텔라 만드는 법

재료 (지름 22cm, 냄비 1개 분량)

달걀 4개
소금 한 자밤
백설탕 80g
박력분 120g
베이킹파우더 5g
우유 30g
샐러드유 20g

도구

- 지름 22cm 뚜껑 있는 냄비(더치 오븐 등)
- 거품기
- 볼
- 고무 주걱
- 유산지

조리법

1 달걀을 노른자와 흰자로 나눠 볼에 담는다.
2 흰자에 소금을 넣고, 뿔이 잘 설 때까지 거품기로 섞는다.
3 노른자에 백설탕을 넣고 하얘질 때까지 거품기로 섞는다.
4 3에 체에 친 박력분과 베이킹파우더를 넣고 고무 주걱으로 가볍게 섞은 후, 우유와 샐러드유도 넣어 섞는다.
5 2의 머랭을 1/3만 넣고 거품이 뭉개지지 않게 조심하며 위아래로 잘 섞어 준다. 남은 2/3도 마저 넣어 섞는다.
6 냄비에 유산지를 깔고 반죽을 넣는다. 냄비 바닥을 톡톡 쳐서 공기를 뺀 후, 뚜껑을 덮고 약한 불로 굽는다.
7 25분이 지나면 꼬치를 꽂아 잘 익었는지 확인한다.
8 다 읽으면 반죽을 뒤집어 표면을 2~3분 굽는다.

풍미 가득한 버터를 직접 만들자

#아이와함께 #변형레시피 #직접만든재료

놀이처럼 즐겁게 버터를 만들 수 있다!

캠핑에서 놀이처럼 즐겁게 요리를 만들고 싶다면 버터를 직접 만들어 보세요. 아이도 참여시킬 수 있고 간단해요. 갓 만든 버터는 순하고 식감이 부드러워요. 빵이나 감자에 얹기만 해도 진수성찬이죠.

재료에 변화를 주면 다양한 맛의 버터를 맛볼 수 있어요. 고기와 어울리는 허브 버터는 스테이크에 얹어 먹어요. 술과 어울리는 건포도 버터나 견과류 버터도 재료만 있으면 만들 수 있습니다.

부드러운 버터 만드는 법

재료

생크림(지방분 40% 이상) 1팩(200mL)
소금 2g

도구

- 500mL 페트병(뚜껑)
- 커터 칼

조리법

1. 페트병을 잘 씻어 말리고, 생크림과 소금을 넣는다.
2. 열심히 흔든다(5분쯤).
3. 물과 버터로 분리되면 완성.
4. 버터를 아래로 모으고, 중앙을 커터 칼로 잘라 버터를 꺼낸다.

※ 분리된 물은 영양 만점 유청입니다. 팬케이크를 구울때 물 대신 써도 좋고, 우유나 주스에 넣어 마셔도 좋아요.

넣으면 맛있는 변형 식재료

말린 과일

건포도나 오렌지 필 등을 넣는다. 꿀을 뿌려 먹어도 좋다.

허브

민트나 샐비어, 타임, 고수 등을 잘게 썰어 넣는다.

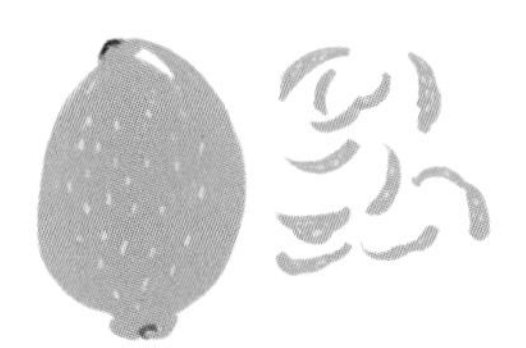

레몬 껍질

레몬 껍질을 갈아 넣는다. 팬케이크나 스콘과 함께 먹는다.

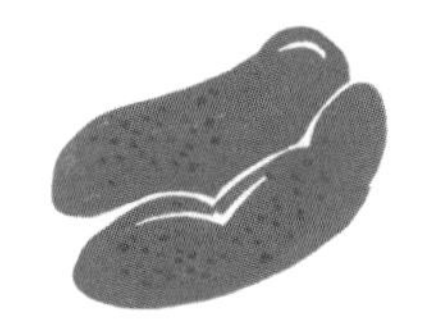

명란젓

껍질 벗긴 명란젓을 넣는다. 식빵에 발라 구워 먹자.

견과류

혼합 견과류를 부숴서 넣는다. 아작아작한 식감이 난다.

PART 2

recreation

캠핑에서 마음껏 놀자

텐트 설치를 마치고 무얼 하나요?

느긋하게 쉬어도 좋지만

캠핑에서만 할 수 있는 놀이를 해 보세요.

계절마다 다른 재미를 주는

자연환경을 만끽하는 체험은

잊지 못할 추억이 될 거예요!

잎 모양으로 나무를 구분하자

#자연관찰 #식물 #아이와함께

캠핑장에 떨어진 다양한 잎사귀

캠핑이라면 역시 자연환경을 활용하며 놀아야죠. 나무를 관찰하고 떨어진 잎사귀로 놀고…. 풀과 나무를 잘 살피면 일상에서 경험하지 못하는 것을 배웁니다. 잎사귀를 주워 어떤 나무의 잎인지 조사해 봐요. 책을 보며 진지하게 조사해도 좋고, 식물 판별 앱으로 간단히 찾아봐도 좋습니다. 잎을 공책에 붙여 캠핑장별 수목 도감을 만들어도 재밌습니다. 도토리 같은 나무 열매를 주워서 관찰하고 표본을 만들어도 좋아요.

상록수 1년 내내 잎이 초록색. 겨울이 되면 잎이 한꺼번에 떨어지는 것이 아니라 조금씩 바뀐다.

금목서
가을에 향기로운 주황색 꽃이 핀다. 잎은 끓여서 차로 마실 수 있다.

녹나무
잎이 탄탄하고 윤기가 있다. 블루베리처럼 작고 까만 열매를 맺는다.

삼나무
유분이 풍부해 불에 잘 탄다. 마른 잎은 불붙일 때 부싯깃으로 쓸 수 있다.

낙엽수 가을이 지나면 모든 잎이 떨어지고, 봄이 되면 새잎이 난다. 아름다운 낙엽을 볼 수 있다.

벚나무
새잎을 소금에 절이면 요리에 쓸 수 있다. 아름답지만 봄에는 송충이가 많으니 주의하자.

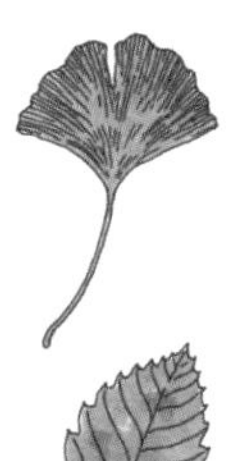

은행
잎을 음식 장식으로 쓰거나, 말려서 방충제로 쓸 수 있다.

너도밤나무
몸통은 충격에 강해 가구 재료로 사용된다. 열매는 가열하면 먹을 수 있다.

졸참나무
도토리가 열린다. 봄이 되면 축 늘어진 꽃이 핀다.

잎사귀로 놀자

❶ 미술 작품 만들기

모양과 색이 다양한 잎을 모아 도화지에 붙인다. 동물이나 풍경을 만들어도 좋다. 잎에 실을 꿰어 가랜드를 만들어도 귀엽다.

❷ 잎사귀 프로타주

잎 위에 얇은 종이를 올리고 색연필로 문지르면, 잎맥과 잎 형태가 드러난다. 색연필을 비스듬히 기울여 살살 문지르는 게 요령.

❸ 두드려서 물들이기

천 위에 잎을 놓고 그 위에 두툼한 비닐을 얹어 돌로 두드린다. 잎의 색과 모양이 천에 찍힌다. 물들일 수 있는 잎과 물들일 수 없는 잎이 있으니 조사해 보자.

지지배배 새를 관찰하자

#자연관찰 #새 #아이와함께

산과 숲에서 볼 수 있는 새

산이나 숲에 사는 새는 선호하는 나무가 있으니 먹이로 삼는 열매나 나무 종류로 찾을 수 있다.

큰유리새(딱샛과)
숲과 계곡에서 볼 수 있는 여름새. 몸은 참새와 비슷하나 조금 더 크다. 암컷의 등은 갈색, 수컷의 등은 아름다운 코발트색이다.

오목눈이(오목눈잇과)
너도밤나무나 잎갈나무 숲에 살며 곤충이나 거미를 먹는다. 수액을 마시기도 한다. 몸체는 작고, 꼬리가 길고 예쁘다.

나무발바리(나무발바릿과)
우리나라를 지나가는 나그네새로 전나무 같은 침엽수에 산다. 나무줄기를 발발거리며 기어올라 가 '나무발바리'라는 이름이 붙었다.

귀를 기울여 보자

캠핑장에 가면 다양한 새소리가 들려요. 모습이 보이지 않으니 어떤 새인지 모를 거예요. 그럴 때는 귀를 기울여 새소리의 특징을 파악해 봐요. 봄은 사랑의 계절이라 새소리를 많이 들을 수 있어요. 여기 소개한 새 이외에도 캠핑장 근처에서 볼 수 있는 새가 많아요. 새소리를 모아 놓은 웹사이트나 앱도 있으니 조사해 보면 좋겠죠!

새의 모습을 확인하고 싶다면 8배율 줌이 되는 쌍안경이 있으면 좋아요. 움직임을 쫓기 쉽고 시야가 넓어 초보자에게 추천합니다. 스포츠 관전용으로도 쓸 수 있어요.

물가에서 볼 수 있는 새

먹이를 잡으러 오가거나 물에서 쉬는 모습을 관찰할 수 있어서 숲에 사는 새보다 볼 기회가 많다.

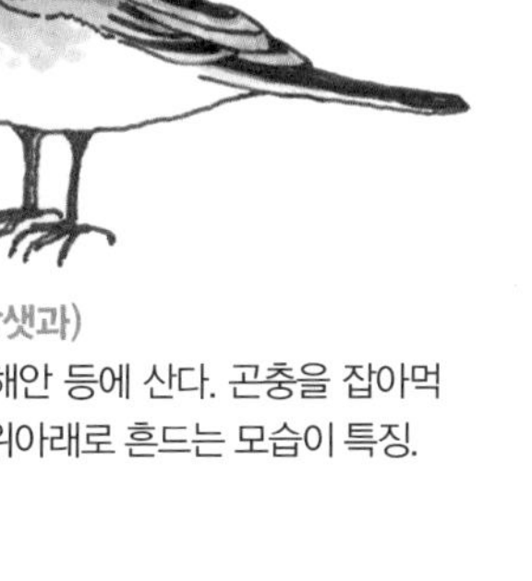

알락할미새(참샛과)
강변이나 논, 해안 등에 산다. 곤충을 잡아먹는다. 꼬리를 위아래로 흔드는 모습이 특징.

뿔호반새(뿔호반샛과)
계류나 호수에 산다. 머리의 커다란 깃털이 눈에 띈다. 물속으로 날아들어 생선을 잡아서 통째로 먹는다.

왜가리(왜가릿과)
논이나 습지, 간석지 등에 산다. 물속을 걸으며 게나 생선을 잡아먹는다. 몸은 전체적으로 회색이다.

최강 힐링 효과, 삼림욕을 마음껏 즐기자

#자연관찰 #식물 #릴랙스

피톤치드로 쉬는 릴랙스 타임

피톤치드는 나무가 박테리아 · 곰팡이 · 해충에 저항하려고 내뿜는 살균 효과가 있는 휘발성 물질입니다. 피톤치드에는 마음을 진정시키고 몸을 편안하게 하는 효과가 있어요. 독일에서는 의료 행위로 삼림욕을 하기도 해요.

오감을 여는 삼림욕

삼림욕을 즐기는 방법은 간단해요. 산이나 숲, 식물원이나 넓은 공원에서 의자나 작은 테이블을 놓거나 돗자리를 깔고 편안한 자세로 시간을 보내는 거죠.

오감을 열어 주변 소리나 냄새, 빛을 의식해 보세요. 새 지저귀는 소리, 바람 부는 소리, 풀 냄새, 태양이 구름에 가려졌다 나왔다 하는 모습 등 작은 자연의 변화에 행복을 느낄 거예요. 코로 천천히 크게 숨을 들이쉬고 또 코로 차분하게 숨을 내쉬며 심호흡합니다. 몸 안에 피톤치드를 넣는 것처럼요.

편안해져서 졸리면 그대로 뒹굴뒹굴해도 좋고, 주변을 산책해도 좋아요.

삼림욕을 더 즐기자

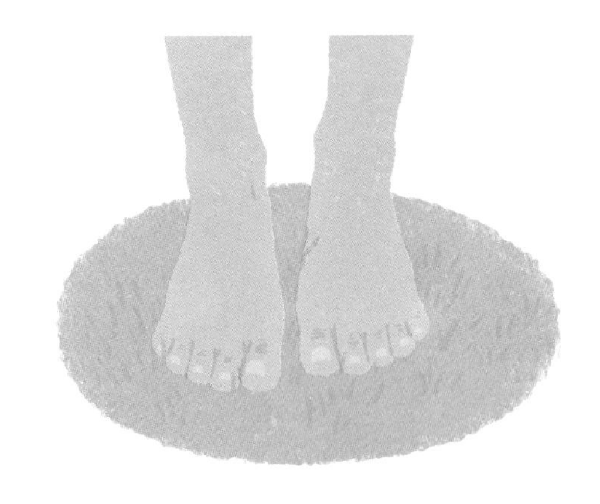

맨발로 선다

잔디나 흙을 맨발로 밟고 발바닥으로 대지를 느낀다. 평소 신발에 감춰진 발이 자연을 민감하게 느낄 수 있고 혈도 자극돼 일거양득이다.

눕는다

흘러가는 구름에 감동하고, 바스스 흔들리는 나무 소리에 안심한다. 커다란 지구에 등으로 안긴 기분을 느낄 수 있다.

돌이 들려주는 이야기로 대지의 역사를 읽자

#자연관찰 #돌 #아이와함께

하천에서 주운 돌로 표본을 만들자

캠핑장 주위에 흔한 돌도 주워서 잘 살펴보면 심오한 발견을 할 수 있어요. 특히 물이 맑은 하천에는 예쁜 돌이 많아서 돌을 수집하는 재미가 있습니다. 색이나 형태가 마음에 드는 돌을 주워서 무늬나 형태, 질감을 살펴보세요. 돌의 종류를 조사하고, 지질이나 지형을 관찰하면, 캠핑하며 자연을 더욱 만끽할 수 있습니다.

돌의 종류

암석은 '화성암', '변성암', '퇴적암' 3종류로 나뉩니다. 돌이 언제, 어디서, 어떻게 만들어졌는지에 따라 그 안에서도 세밀하게 분류됩니다.

화강암
화성암 중에서 가장 일반적이라 흔히 보인다. '쑥돌'이라고도 부른다.

화성암

마그마가 식어 굳은 것. 분화한 후 지표에서 바로 굳은 것과 땅속에서 오랜 세월에 걸쳐 굳은 것이 있다.

이암
알갱이의 크기가 진흙과 같이 작은 것이 굳어져서 만들어진 암석. 유기물을 함유한 것도 많다.

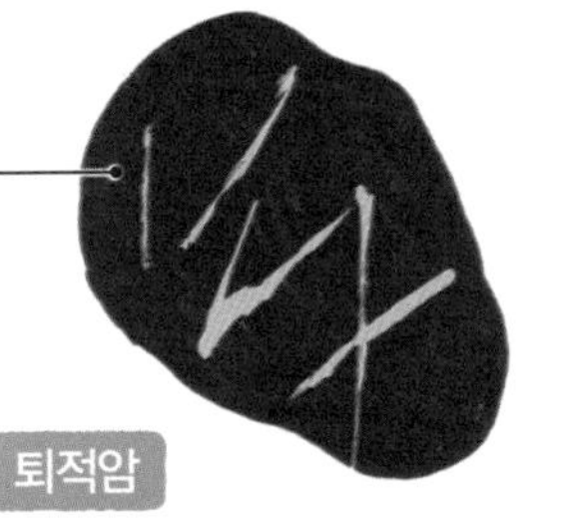

퇴적암

퇴적물이 오랜 시간 동안 다져지고 굳어져 만들어진 암석. 퇴적암 속에서 화석이 발견되기도 한다.

결정 편암
편리라고 하는 줄무늬를 볼 수 있고, 껍질처럼 쉽게 벗겨지는 성질이 있다.

변성암

지하 깊은 곳이나 마그마 부근에서 열이나 높은 압력을 받아 다른 성질의 암석으로 변한 것.

가지고 가면 편리한 것

돌을 주울 때는 돌을 넣을 봉지 이외에 알아낸 사항을 적을 공책이나 수집 장소를 기록하는 라벨도 가지고 가요. 지형도가 있으면 절벽이나 계곡의 존재, 상류와 하류의 위치, 강 흐름 등도 확인할 수 있어요. 돋보기나 망치가 있으면 돌의 작은 결정을 볼 수 있고, 깨진 면을 조사할 수 있습니다. 손을 베면 안 되니 면장갑도 꼭 챙겨요.

국립 공원처럼 암석을 수집하면 안 되는 곳도 있으니 그럴 때는 사진만 찍고 집으로 가져가지 마세요.

물수제비 마스터가 되자

#물가놀이 #돌 #아이와함께

수면과 돌을 수평으로

돌이 수면과 20도 정도 각도를 이루며 들어가도록 수평으로 미끄러지듯 던진다. 회전을 걸어 던지는 것이 중요하다.

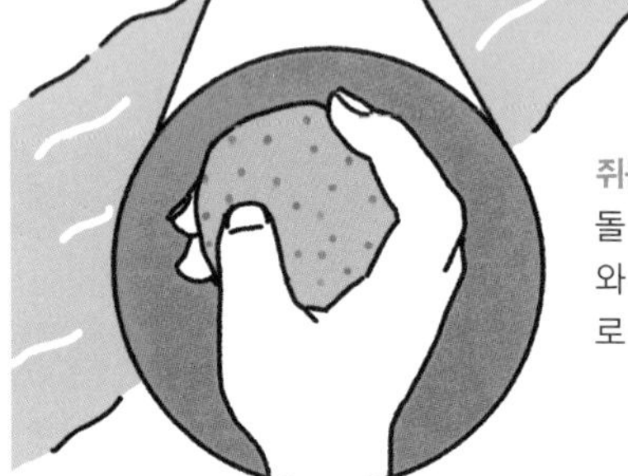

취는 법을 마스터할 것

돌 측면에 검지를 바짝 대고, 엄지와 중지 사이에 돌을 끼운다. 검지로 돌을 걸어 안정감 있게 쥔다.

납작하고 적당한 무게

평평하고 바람에 흔들리지 않는 무게의 돌을 고른다. 동근 것보다 각이 진 것이 쥐기 쉽다.

나도 모르게 열중! 얼마나 튕기는지 경쟁하자

물수제비뜨는 놀이는 아이들만 하는 거라고요? 그렇지 않습니다. 의외로 심오하고 시간 가는 줄 모르는 재미있는 놀이입니다. '적절한 돌'을 찾아야 하고, '쥐는 법'도 중요해요. 또 세게 던지는 것처럼 보이지만, 사실 너무 빠르지 않게 던져야 잘됩니다. 강에서 한다면, 하류를 향해 던져야 돌에 걸리는 물의 저항이 적어서 잘 날아갑니다. 던질 때 주변에 사람이 없는지 꼭 살펴보세요.

돌탑을 쌓아 물가의 예술가가 되자

#물가놀이 #돌 #아이와함께

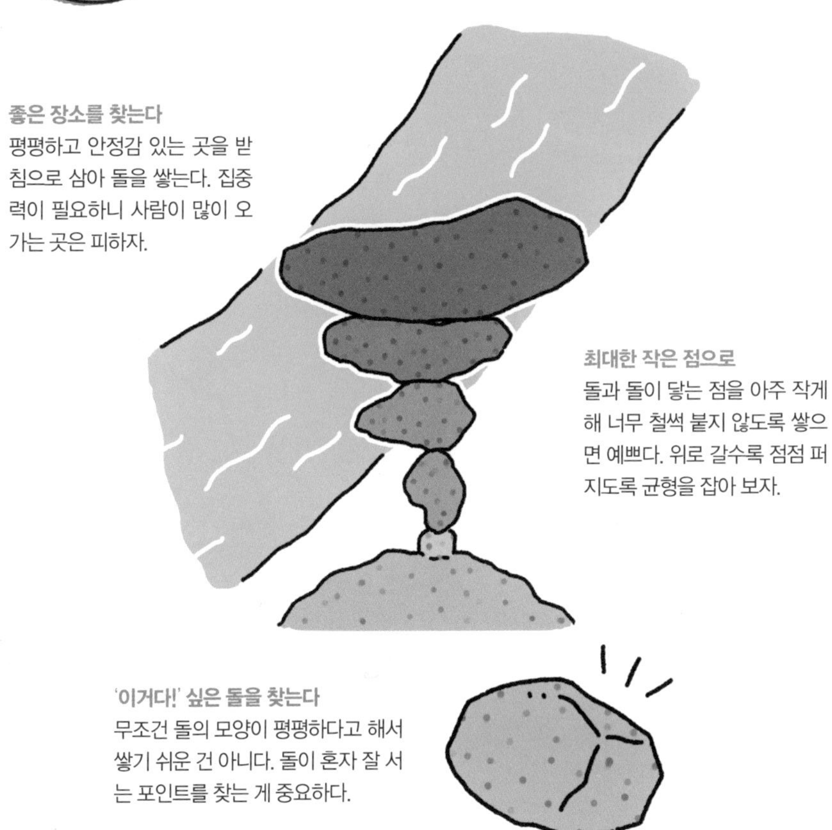

좋은 장소를 찾는다
평평하고 안정감 있는 곳을 받침으로 삼아 돌을 쌓는다. 집중력이 필요하니 사람이 많이 오가는 곳은 피하자.

최대한 작은 점으로
돌과 돌이 닿는 점을 아주 작게 해 너무 철썩 붙지 않도록 쌓으면 예쁘다. 위로 갈수록 점점 퍼지도록 균형을 잡아 보자.

'이거다!' 싶은 돌을 찾는다
무조건 돌의 모양이 평평하다고 해서 쌓기 쉬운 건 아니다. 돌이 혼자 잘 서는 포인트를 찾는 게 중요하다.

쌓아 올리는 형태가 예술 작품이 된다

돌을 쌓아 올리기만 하는 돌탑 쌓기지만 단순하다고 무시하지 마세요. 자연스럽게 깨져 형태가 다양한 돌이 절묘하게 쌓인 모습은 그야말로 예술이에요. 얼마나 높이 쌓는지 경쟁해도 좋고, 완성 작품을 두고 서로 인기투표해도 좋아요. 원하는 대로 쌓기 쉽지 않은 만큼 열중하게 될 거예요! 형태와 크기가 제각각인 돌을 섞어 쌓으면, 균형이 멋지게 잡힌 예술 작품이 완성됩니다.

장작으로 나만의 숟가락을 만들자

#DIY #숟가락 #나이프 #부시크래프트

직접 만든 숟가락으로 더 즐거운 식사를

장작을 나이프나 조각도로 깎아 숟가락을 만들어 보세요. 나무를 파고 깎는 단순 작업이지만, 자연에 몸을 맡기고 바람 소리나 새 지저귀는 소리를 배경 음악 삼아 차분히 하면 힐링이 됩니다. 해냈다는 성취감도 더해져서 직접 만든 숟가락으로 식사하면 더욱 맛있습니다. 꼼꼼히 사포질하면 파는 제품처럼 매끈매끈하게 완성할 수 있어요. 익숙해지면 다양한 모양으로 만들어 봐요.

필요한 도구

- 면장갑
- 매직
- 톱
- 부시크래프트 나이프나 조각도
- 사포 #80, #120, #240, #400
- 올리브유(만약 있다면 호두유)
- 천

만드는 법

① 깎기 적당한 장작을 찾는다

삼나무나 노송나무, 일본목련 등 깎기 쉬운 재료를 고른다. 옹이가 있거나 구부러진 것은 피한다. 녹나무나 느티나무, 상수리나무로도 할 수 있다.

② 아웃라인을 잡는다

만들 숟가락 형태를 장작에 매직으로 그린다. 알아보기 쉽도록 굵게 그리는 게 좋다.

③ 톱으로 자르고 나이프로 깎는다

아웃라인을 따라 두께가 3cm 정도 되도록 톱으로 자르고, 나이프나 조각도로 모양을 다듬는다.

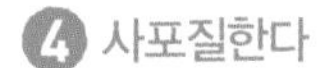

④ 사포질한다

숫자가 작을수록 거친 사포이니 #80부터 순서대로 반질반질해질 때까지 사포질한다.

⑤ 기름으로 마무리

천에 올리브유를 묻혀 골고루 바른다. 호두유가 훨씬 잘 배고 금방 마른다.

페일캔으로 로켓 스토브를 만들자

#DIY #로켓스토브 #모닥불 #재난대책

열기 상승구
수직 연통. 장작 넣는 곳에서 고온의 연소 가스가 흘러들어 와 재연소한다.

단열재
펄라이트라는 인공 경석을 넣는다. 스토브 안을 고온으로 유지하고 연소 효율을 높인다.

본체
페일캔*이나 사각캔으로 만든다. 벽돌이나 작은 캔으로 미니스토브도 만들 수 있다.

*드럼 캔에다 운반이 쉽게 손잡이를 달아 놓은 것. 페인트 통을 생각하면 된다.

장작 넣는 곳
여기서 장작을 지핀다. 너무 꽉 채우면 공기가 통하지 않으니 조금씩 넣는다.

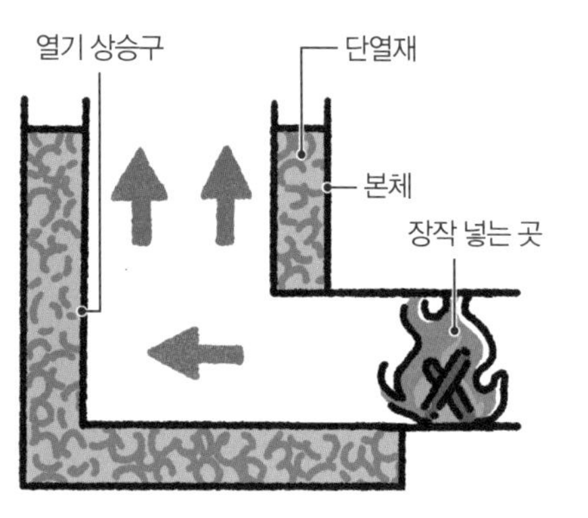

단면도
로켓 스토브 내부에서 상승 기류가 발생하는데, 이 과정에서 연소 가스가 재연소해 적은 장작으로도 강한 화력을 낼 수 있다.

재해 대책으로 기억해 두자

적은 연료로 강한 화력을 내는 로켓 스토브는 조리용으로도 난방용으로도 좋습니다. 만드는 방법이 간단해서 직접 만들 수 있고, 전기나 가스를 쓰지 않기에 재해 대책으로도 주목받죠. 연료가 탈 때 발생하는 연소 가스를 2차 연소시키는 구조로, 그때 "고오오오" 하고 나는 소리가 로켓이 발사될 때 나는 소리와 비슷해 로켓 스토브라고 부릅니다.

단순한 구조여서 원리만 이해하면 가지고 있는 물건으로도 만들 수 있어요. 바비큐할 때도 로켓 스토브를 이용하면 연기나 그을음이 적어 다 같이 불 주위에 모일 수 있습니다.

로켓 스토브 만드는 법

재료

지름 30cm 정도의 페일캔 1개
지름 10cm 정도의 곧은 연통 2개
연통과 같은 지름의 90도로 구부러진 관 1개
펄라이트 1봉지

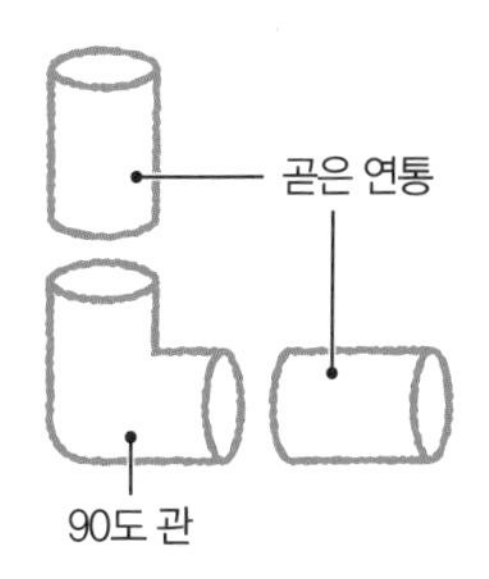

도구

- 가죽 장갑
- 드릴
- 쇠가위
- 쇠톱
- 니퍼
- 망치
- 줄

❶ 페일캔에 구멍을 뚫는다

장작을 넣을 곳을 만들기 위해 페일캔 옆면에 연통을 대고 매직으로 표시한다. 그린 선을 따라 촘촘히 간격을 두고 드릴로 뚫는다. 구멍과 구멍 사이를 니퍼로 잘라 연통 지름 크기의 구멍을 낸다. 구멍의 단면은 망치나 줄로 매끈하게 다듬는다.

❷ 장작 넣는 곳을 붙인다

연통을 ❶에서 뚫은 구멍에 꽂고, 절반쯤 들어가면 페일캔 안으로 90도 관을 넣어 연결한다. 페일캔과 연통 사이를 펄라이트로 채운다. 가득 채우지 않고 90도 관이 살짝 잠길 정도여야 한다.

❸ 열기 상승구를 붙인다

나머지 연통을 페일캔 높이와 같게, 혹은 살짝 삐져나오는 크기로 잘라 ❷의 90도 관과 연결한다.

❹ 단열재를 넣는다

열기 상승구와 페인캔 사이로 펄라이트를 채운다. 페일캔 높이만큼 틈 없이 꽉 채운다. 자갈로 대용할 수 있다. 펄라이트 없이도 만들 수 있지만 화력이 약하다.

수제 버드콜로 새와 수다를 떨자

#DIY #자연관찰 #새 #아이와함께

나무에 구멍을 뚫으면 끝인 단순함이 좋다

새 피리라고도 불리는 버드콜은 새들과 대화하는 도구예요. 아웃도어 전문점이나 잡화점에서 파는데, 나뭇가지와 나사, 구멍 뚫는 드릴만 있으면 간단히 만들 수 있어요.

검지 크기로 자른 나뭇가지 중심에 드릴로 구멍을 뚫고 나사를 꽂아요. 나사를 돌리면 쉽게 소리를 낼 수 있습니다. 나무 종류에 따라 소리가 다르니 어떤 새가 올지 기대되네요. 새를 관찰하기 위한 망원경도 잊지 말아요.

직접 만든 낚싯대로 낚시하자

#DIY #물고기 #물가놀이 #아이와함께

나무젓가락으로도 할 수 있다!

낚시를 해 보고 싶은데 낚싯대가 없다면 직접 낚싯대를 만들어 봐요. 근처에서 쉽게 구할 수 있는 나무젓가락이나 나뭇가지로 만들 수 있어요. 먹이로는 강에 사는 곤충이나 작은 물고기, 연어알이나 안주용 가리비, 오징어 다리, 어묵 등 냄새가 나는 것을 추천해요. 물이 완만하게 흐르고 바닥이 보이는 곳에 자리 잡고 낚싯대를 드리운 다음, 입질이 올 때까지 기다립니다. 소리가 나면 물고기가 도망치니 조용해야 해요.

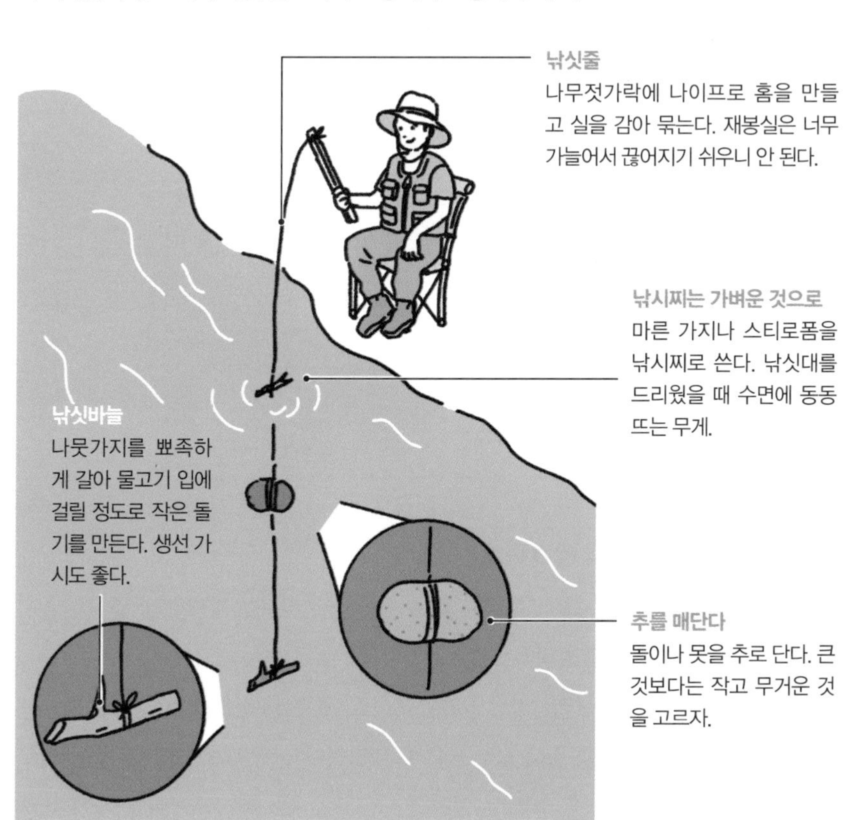

PART2 recreation 042

주변에 있는 것으로 재래식 염색을 해 보자

#DIY #식물 #아이와함께

버리는 것으로 선명하게 염색하기

양파 껍질로 천을 염색할 수 있어요. 양파 껍질을 끓이기만 하면 염색액이 간단히 만들어지니 요리 중에 나온 양파 껍질을 버리지 말고 두었다가 천을 염색해 봐요.

화학 염료와 달리 환경을 오염시키지 않아서 좋아요. 새 천을 준비할 것 없이 얼룩이 생긴 셔츠나 빛바랜 손수건 등 필요 없는 낡은 천이면 됩니다. 앞치마나 장비를 담는 파우치 등 캠핑에서 쓰는 천 용품을 염색해도 멋지겠죠.

다양한 재료로 염색해 보자

처음 재래식 염색을 해 본다면 천은 무명이나 마 같은 식물성 천연 천을 추천합니다. 예쁘게 염색하려면 염색할 천의 무게와 양파 껍질 무게가 같아야 해요. 양파 껍질을 모을 때, 시간이 오래 걸리면 냉동 보관해요.

양파 껍질로 멋지게 염색했다면, 다른 재료로도 시도해 보세요. 여러 번 우린 커피나 쑥, 삼백초잎, 포도 껍질로도 염색할 수 있어요. 평소 염색할 수 있는 소재를 찾아 봐요. 우려낸 염색액은 천연 재료지만 버릴 때는 캠핑장 규칙을 지켜야 합니다.

기본 염색법

명반이 있고 없고에 따라 변화가 생기니 달라지는 색을 즐기자.

재료와 도구

- 염색하고 싶은 천
- 냄비(요리용도 좋다)
- 물
- 두유
- 양파 껍질
- 명반
- 볼
- 소쿠리

❶ 천을 빤다

천을 물로 빨아 잘 짜고, 두유에 30분 이상 담가 둔다. 가볍게 짜서 말린다. 두유의 단백질이 염색액의 침투를 돕는다.

❷ 염색액을 추출한다

냄비에 양파 껍질을 넣는다. 껍질이 찰랑찰랑 담길 정도로 물을 붓고 가열한다. 끓기 시작하면 약한 불로 줄이고 15~20분쯤 더 끓여 염색액을 만든다.

❸ 천을 담근다

양파 껍질을 꺼낸다. ❶의 천을 염색액에 넣어 10~15분 정도 약한 불로 끓이다가 꺼내 찬물에 가볍게 헹군다. 무늬를 넣고 싶다면 천을 미리 고무줄로 묶는다.

❹ 매염액을 만든다

볼에 뜨거운 물을 담고 명반을 녹인다. 뜨거운 물 1L에 명반 2g이 적당하다.

❺ 염색을 정착시킨다.

❹에 ❸의 천을 10~20분간 담가 염료를 천에 정착시킨다. 물에 잘 헹궈 말린다.

솔방울로 텐트를 꾸미자

#DIY #식물 #아이와함께

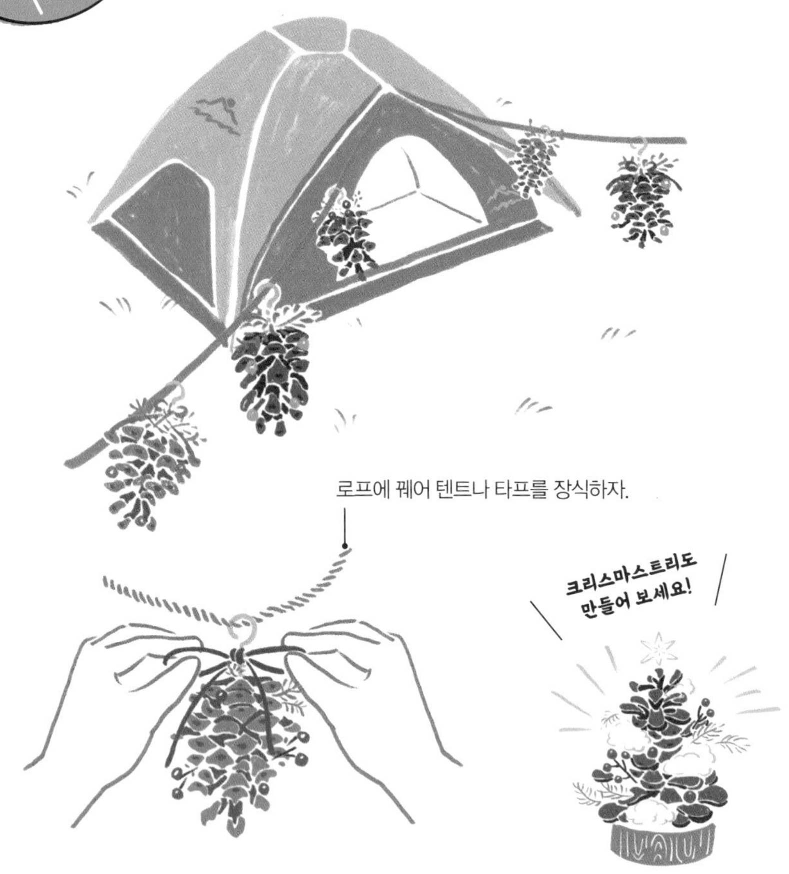

아이와 함께 만드는 자연물 장식

캠핑장 주변에서 쉽게 구할 수 있는 솔방울로 텐트를 멋지게 꾸밀 수 있어요. 그대로 장식해도 좋지만 조금만 손을 대면 어디서도 볼 수 없는 독특한 장식품이 돼요.

아주 간단해요. 솔방울에 나무 열매나 비즈 등을 접착제로 붙여서 꾸며 보세요. 취향에 따라 페인트나 아크릴 물감으로 색을 칠해도 좋아요. 솔방울 머리에 고리 나사(혹은 아이볼트)를 꽂고 리본을 묶으면 완성입니다.

마음은 금속 기술자! 대못으로 편지 오프너를 만들자

#DIY #숯불

필요한 도구

- 대못
- 망치
- 펜치
- 내열 장갑
- 화로대
- 양동이
- 숫돌

숯불로 뜨겁게 달군 못을 마구마구 두드리자!

길이 15cm 정도의 굵고 긴 대못이 필요합니다. 숯불에 넣어 끝이 빨개질 때까지 달군 후 망치로 두드려요. 식으면 못이 딱딱해지니 숯불에 다시 달궜다가 두드립니다. 원하는 대로 모양이 만들어지면 숯불에 넣었다가 뜨거울 때 찬물에 담가 빠르게 식히고, 숫돌로 갈아요. 긴소매와 긴바지를 입고, 손이 데지 않도록 내열 장갑을 반드시 끼세요.

여유롭게 야외 다도를 즐기자

#음료 #릴랙스

자연 속에서 여유롭게 차를 마시자

자연 속에 몸을 맡기고 따뜻하게 차를 달여 마셔 보면 어떨까요? 밖에서 마시는 커피가 맛있듯 밖에서 마시는 가루차도 각별하죠. 평소와 다른 깊은 맛을 즐길 수 있어요. 바람이 부는 가운데 나무에 둘러싸여 초목의 향을 맡으며 남들과 다른 여유로운 캠핑을 즐기고 싶은 사람에게 추천합니다.

준비할 것은 6가지뿐. 마음 편하게 차를 우리자

야외에서 차를 마실 때 필요한 것은 단순해요. 물, 가루차, 찻사발, 물을 끓일 주전자, 열원, 차선이 있으면 됩니다. 복잡한 다도에 얽매이지 않고 가볍게 도전해 보세요. 꼭 다도 도구를 이용하지 않아도 좋아요. 그래도 도구를 갖추고 싶다면, 저렴한 것을 찾아 보세요. 다도가 취미에 맞으면 그때부터 차작이나 다건, 각종 다기를 모으는 것도 재미있죠.

가루차나 물을 현지에서 조달해 그 지역을 느낄 수도 있습니다. 같이 먹을 간식도 다른 곳에 없는 그 지역만의 것을 찾아 보세요. 보물찾기 기분을 느낄 수 있어요.

다도의 예법

기본을 익혀 다도에 도전해 보자. 어깨 힘을 빼고 편안하게 달이는 게 가장 중요하다.

1 가루차를 넣는다

찻사발에 따뜻한 물을 받아 데운 후 물을 버린다. 찻사발의 물기를 닦고 가루차를 차작으로 2술(티스푼 1술)넣는다.

2 따뜻한 물을 붓는다

찻사발에 60mL의 따뜻한 물을 천천히 붓는다. 물의 온도는 80℃ 정도가 적합하다.

3 앞뒤로 섞는다

차선을 앞뒤로 움직여 가루차가 뭉치지 않도록 서걱서걱 섞는다.

4 큰 거품을 없앤다

차선을 가볍게 들어 올려 표면을 쓰다듬듯이 섞는다. 거품 크기를 균일하게 해 식감을 부드럽게 만든다.

5 간식과 함께

좋아하는 간식과 함께 먹는다. 가루차가 싫은 사람은 물을 따뜻한 우유로 바꿔 가루차라테를 만들어도 좋다.

푸른 하늘 아래에서 국수를 먹자

#DIY #차가운레시피 #아이와함께

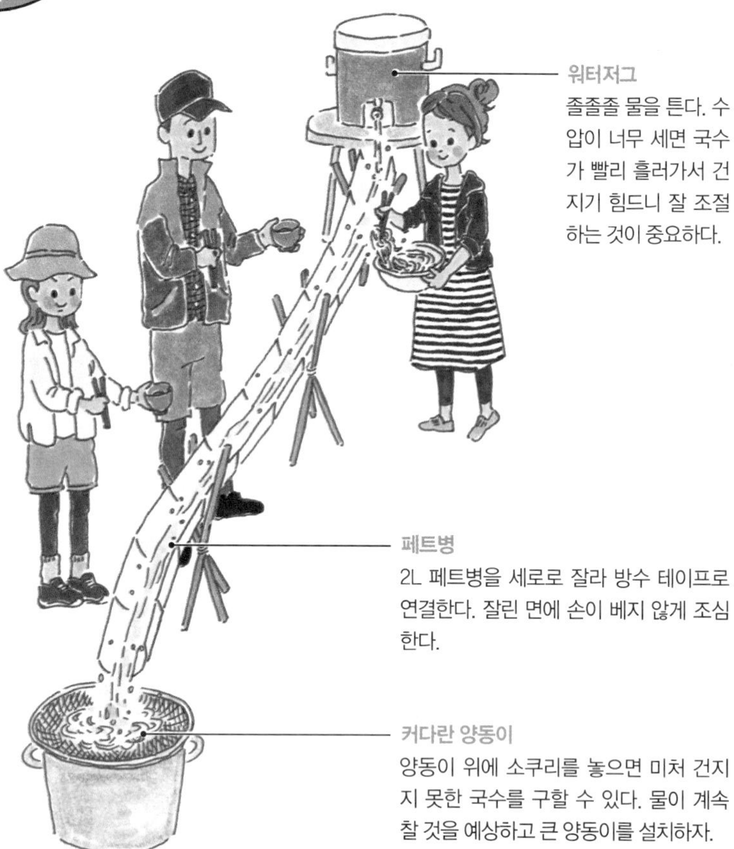

페트병으로 할 수 있어서 간단

더운 날, 특별한 캠핑 음식을 먹고 싶다면 흐르는 물에 국수를 띄워 먹어 봐요! 페트병으로 받침대를 만드는 것도 즐거운 활동이니까 재미가 두 배죠!

포도나 앵두, 통조림 귤, 방울토마토, 풋콩, 오이 같은 과일이나 채소를 띄워도 좋아요. 라유나 참기름, 두유 등으로 양념장을 만들고, 생강이나 참깨를 준비하면 더 맛있게 먹을 수 있어요.

연을 날리며 바람을 느끼자

#바람 #연날리기 #아이와함께

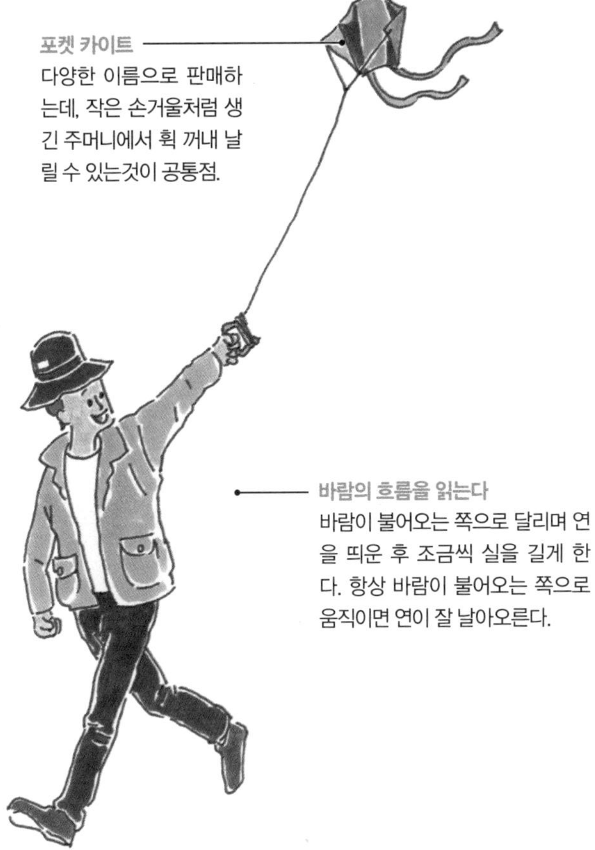

푸른 하늘에 날려 보내기만 해도 기분이 좋다

연날리기를 간편히 즐길 수 있는 포켓 카이트는 캠핑 놀이로 아주 좋죠. 텐트를 설치할 때나 모닥불을 피울 때 필요한 바람을 읽는 감각을 키울 수도 있어요. 작고 살도 없는데 높이 날릴 수 있는 이유는 포켓 카이트 본체에 가는 틈으로 공기가 지나갈 수 있기 때문이에요.
커다란 연과 달리 바람이 거의 없는 날에도 천천히 달리며 날릴 수 있어요. 다른 캠퍼를 방해하지 않도록 넓은 공간에서 날리세요.

곤충 관찰에 진심이라면 개미 박사가 되자

#자연관찰 #곤충 #아이와함께

개미를 자세히 관찰하면 재미있다

캠핑장에서는 많은 곤충을 만날 수 있습니다. 그중 흔히 볼 수 있는 개미를 관찰해 봐요. 개미에 대해 이미 잘 알고 있더라고 어떻게 행동하는지 자세히 관찰하면 의외로 재미있는 걸 발견할 수 있습니다. 개미도 종류가 다양하고 제각각 움직임이 다르니 잘 관찰해 봅시다. 눈으로만 관찰하고 집으로 가져가는 건 안 돼요!

개미는 뭐든지 다 먹는다?

바닥에 설탕을 두면 개미가 바글바글 모일 것 같은데, 종류에 따라서 설탕을 줘도 접근하지 않는 개미가 있어요. 대부분의 개미는 잡식성이라 뭐든지 잘 먹지만 곤충 사체나 꽃씨의 단백질을 좋아하는 개미도 있으니, 뭘 좋아하는지 조사해도 재밌습니다.

반대로 개미가 싫어하는 것은 식초나 커피, 박하, 레몬 등입니다. 캠핑할 때 텐트 주변에 놔두면 개미를 쫓을 수 있죠.

개미는 인간의 코보다 훨씬 뛰어난 더듬이가 있어서 아주 미량이라도 예민하게 냄새를 맡아 먹이를 찾을 수 있습니다.

개미 종류

황장다리개미
산이나 들의 응달에서 보이는 대형 개미. 다리가 길고 늘씬하다.

일본왕개미
우리나라에 서식하는 개미 중 가장 크다. 작은 동물의 사체나 식물 씨앗 등을 먹는다.

곰개미
주변에서 흔히 볼 수 있다. 공원이나 초원 등 넓고 해가 잘 드는 곳에 집을 짓는다.

스미스개미
굵고 뻣뻣한 털이 특징. 수풀의 돌 밑이나 땅속에 산다. 야행성이어서 낮에는 땅에서 나오지 않는다.

검정꼬리치레개미
꼬리 끝이 뾰족한 것이 특징. 적을 만나면 전갈처럼 배를 들어 올린다.

관찰하는 법

❶ 개미가 어디로 가는지 쫓아가자

먹이를 집으로 가져가는 개미도 있고, 그냥 돌아다니는 개미도 있다. 뭘 하는지 쫓아가 보자.

❷ 분속 몇 미터인지 재 보자

개미집에서 10cm 떨어진 곳에 선을 그어 개미가 통과하는 데 시간이 얼마나 걸리는지 재 보자.

❸ 개미가 좋아하는 음식을 찾아 보자

땅 위에 설탕이나 소금, 초콜릿 부스러기 등을 놓고 어디에 제일 먼저 모이는지 조사해 보자. 싫어하는 식초를 근처에 두면 어떻게 될까?

❹ 개미 몸을 조사해 보자

작은 개미에게도 눈과 입, 다리 관절 등이 있다. 봉지나 투명 케이스에 넣어 돋보기로 관찰해 보자.

장수풍뎅이·사슴벌레 사냥꾼이 되자

#자연관찰 #곤충 #아이와함께

곤충 채집은 여름이지!

곤충 덕후의 여름 캠핑이라면 곤충 채집은 선택이 아닌 필수! 장소에 따라 다르지만, 장마철부터 9월경까지 즐길 수 있어요. 곤충들은 야행성이 많으니 해가 저문 후나 새벽을 노려요. 반드시 캠핑장에 곤충을 채집해도 되는지 확인하고, 다른 캠퍼를 방해하지 않게 주의합니다. 가을부터 봄까지는 부식토 퇴비와 톱밥 안에서 유충을 발견할 수 있어요. 특히 봄에 유충이 커다랗게 자라기 때문에 쉽게 발견됩니다.

사냥 방법

❶ 함정으로 잡는다

바나나를 뭉개 소주를 뿌리고 하룻 밤 둔다. 차 봉지나 망에 넣어 나무에 달아 둔다. 상수리나무나 졸참나무처럼 수액이 나오는 나무에 주로 사니 나무를 잘 고를 것.

❷ 빛으로 모은다

하얀 시트와 랜턴이 필요하다. 상수리나무나 졸참나무 옆에 시트를 펼치고 랜턴을 비춘다. 빛에 모여드는 각종 곤충을 잡는다.

사육 방법

캠핑장에서 집으로 데려올 때는 숨 쉴 수 있는 용기에 넣는다. 건조한 환경에 약하니 젖은 티슈 등을 깐다.

집에 돌아와 준비할 사육장

채집통 같은 케이스에 성충 관리용 매트를 깔고 나뭇가지나 곤충 젤리를 넣는다. 습도와 온도 관리가 가장 중요하니, 물을 뿌려 나뭇가지를 적시고 25℃ 정도 되는 실온에 둔다.

스웨덴 스타일의 모닥불을 즐기자

#모닥불 #북유럽스타일 #릴랙스 #DIY

스웨디시 토치
통나무에 십자나 여덟 개의 칼집을 내 세워 놓고 쓰는 모닥불. 화력이 좋아 캠핑이 더욱 즐거워진다.

얼렁뚱땅 스웨디시 토치로 화력 좋은 모닥불을

스웨디시 토치는 통나무에 칼집을 내고 통째로 불태우는 모닥불이에요. 본고장 스웨덴에서는 그 위에 프라이팬을 놓고 요리도 하지만, 커다랗고 둥근 통나무를 구하기는 쉽지 않아요. 그렇다고 포기할 수 없죠! 장작을 모아 철사로 묶는 '얼렁뚱땅 스웨디시 토치'라면 간단히 만들 수 있고, 다이내믹한 모닥불을 즐길 수 있어요. 너무 크면 타다가 무너졌을 때 위험하니 적당한 크기로 만들어요.

얼렁뚱땅

스웨디시 토치 만드는 법

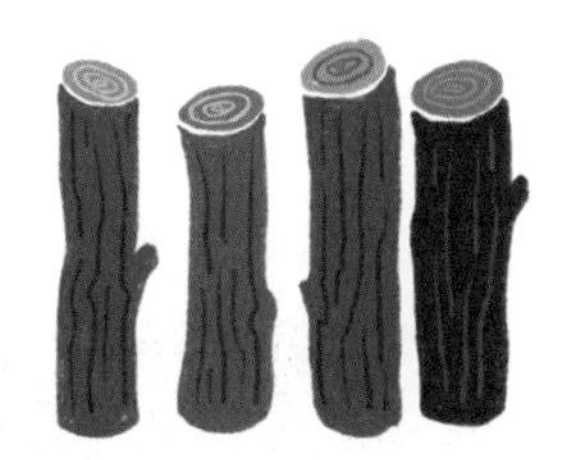

1 통나무나 장작을 모은다

통나무 혹은 장작을 6~8개쯤 모은다. 비슷한 길이도 좋고 달라도 좋다.

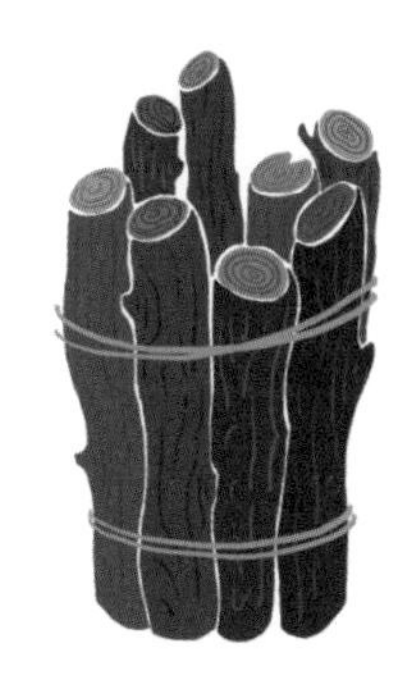

2 철사로 묶는다

중심에 착화제를 끼우고 철사로 둘러 묶는다.

3 사용한다

화로대에 놓고 불을 붙인다. 길이가 다른 장작을 묶어 재미를 주어도 좋다.

장작을 모아 철사로 묶으면 끝

통나무나 장작을 6~8개 모아요. 길이나 두께가 비슷해야 쓰기 편하지만, 전혀 달라도 모닥불로 피우면 재미있어요. 가운데에 고형 착화제를 끼우고 장작을 한데 모읍니다. 철사로 삥 둘러 묶으면 '얼렁뚱땅 스웨디시 토치' 완성이에요. 완성된 얼렁뚱땅 스웨디시 토치는 화로대에 놓고 씁니다. 그래야 주변에 불이 옮겨 붙지 않아요.

묶은 장작이 전부 탔을 때 눋는 냄새가 나지 않게 철사는 피복이 없는 것을 씁니다. 장작을 묶기만 했는데 다이내믹한 화력을 즐길 수 있어요. 다 탈 때까지 시간이 걸리니 시간 여유를 두고 일찍 시작합니다.

계절별 밤하늘을 즐기자

#자연관찰 #별자리 #릴랙스 #밤시간

별이 쏟아지는 하늘을 올려다보자!

캠핑을 시작하면 '밤하늘에 이렇게 많은 별이 있었나?' 하며 놀라게 돼요. 반짝이는 별을 가만히 바라보고 있는 것만 해도 황홀한데, 계절별 대표 별자리를 조금만 알고 있어도 밤하늘이 더 아름다워 보이겠죠? 천체 망원경이 있으면 좋겠지만, 쌍안경이나 맨눈으로 봐도 좋아요. 주위 조명을 끄고 야전 침대나 등받이가 젖혀지는 캠핑 의자에 누워 관찰해요. 계절에 따라 보이는 별과 별자리의 위치가 다르니 밤하늘을 기록하는 활동도 추천합니다.

계절별 별자리

봄
북두칠성을 찾아 보자

여름
은하수가 보인다!

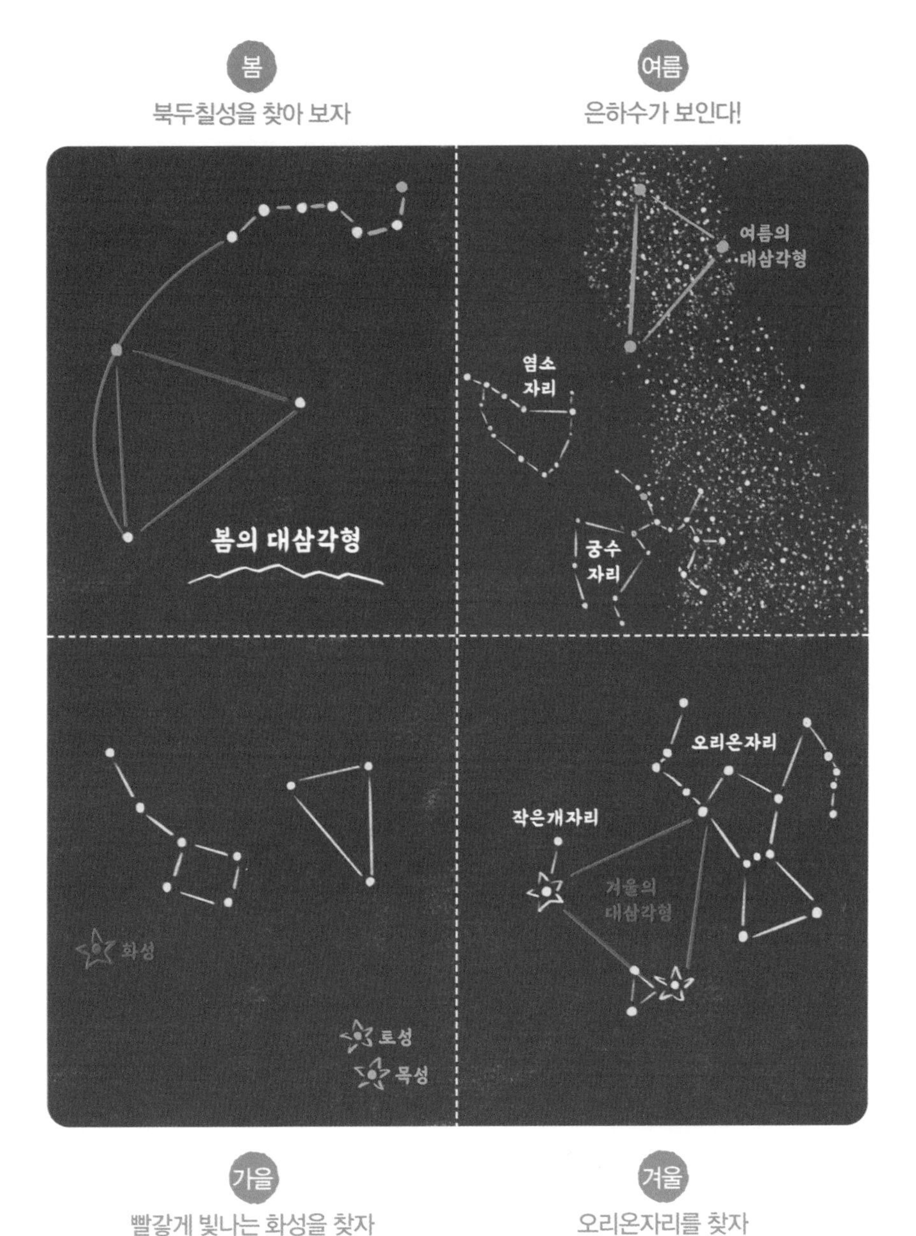

가을
빨갛게 빛나는 화성을 찾자

겨울
오리온자리를 찾자

구름 종류를 구분해 보자

#자연관찰 #날씨 #우중캠핑 #릴랙스

❶ 권적운(비늘구름)

비늘처럼 보이는 하얀 구름으로, 가을과 봄에 흔히 보인다. 비늘구름이라고도 한다. 이 구름이 보이면 보통 날씨가 나빠진다.

❷ 권운(새털구름)

'권'이 붙는 구름은 높은 곳에 나타난다. 그중 가장 높은 곳에 권층운이 자리한다. 권운은 화창한 날에 잘 보인다. 가을의 대표적인 구름.

10가지 구름, 구분할 수 있어?

하늘을 느긋하게 바라볼 여유가 있다면 구름을 관찰해 보세요. 구름 형태가 전부 달라 보이지만 크게 10가지로 나눌 수 있습니다. 비슷한 형태도 높이에 따라 이름이 달라지니 비행기 높이 등을 기준으로 삼습니다.

날씨나 구름의 모습은 서쪽부터 변하니 서쪽 하늘을 관찰합니다. 어느 한곳을 정해 스케치하거나 사진을 찍으며 구름이 어떻게 변화하는지 살펴봅시다.

❸ 적란운(소나기구름)

여름의 대표적인 구름. 구름 아래가 어둡다. 적란운이 함유한 물의 양은 드럼통 1,000개분이라고 한다. 대기가 불안정할 때 잘 보인다.

❹ 적운(뭉게구름)

푸른 하늘에 주로 뜨는 구름. 형태가 다양하다. 이 구름이 뜨면 좋은 날씨가 이어진다.

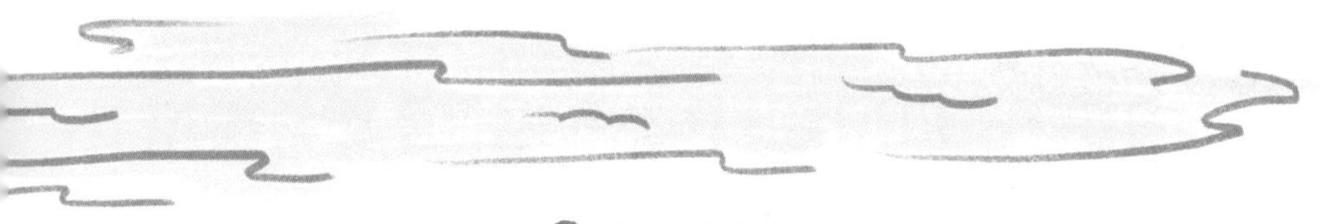

❺ 권층운(면사포구름)

햇무리와 달무리가 잘 지는 하얗고 옅은 구름. 온난전선 앞에 나타날 때가 많아 대개는 다음 날 비가 내린다.

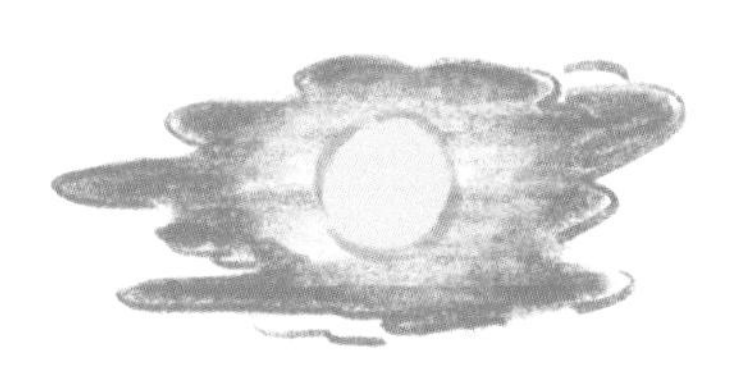

❻ 고층운(회색 차일 구름)

회색 구름이 하늘 전체를 뒤덮곤 한다. 아침놀이나 저녁놀 색으로 물들기도 한다.

❼ 고적운(양떼구름)

작은 덩어리가 무리를 지은 구름. 하얗거나 회색이다. 이 구름이 뜨면 서서히 날씨가 나빠질 때가 많다.

❽ 난층운(비층구름)

'난'이 붙는 구름은 비를 내리는 구름이다. 얼룩 없는 회색 혹은 까만 구름으로 비나 눈이 내린다. 해나 달을 완전히 가릴 정도로 두껍다.

❾ 층적운(두루마리구름)

큼지막한 덩어리 구름이 무리를 짓는다. 색이나 형태가 매우 다양하다. 낮은 위치에서 두툼하고 폭신폭신해 보이는 구름이 뜨면 층적운일 가능성이 크다.

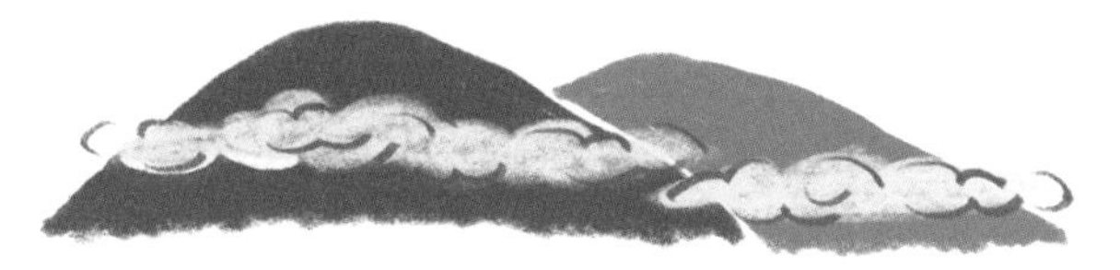

❿ 층운(안개구름)

회색으로 안개와 비슷하며 가장 낮은 곳에 뜨는 구름. 비 그친 후 산자락에 나타나기도 한다. 구름 너머로 해가 보이기도 한다.

디지털 디톡스로 생기를 회복하자

#자연관찰 #릴랙스 #해먹

스마트폰이나 태블릿에서 벗어나 자연을 느낀다

모처럼 자연에 왔는데 스마트폰만 들여다본다면 평소와 다를 게 없지요. 캠핑하며 디지털 디톡스를 해 보세요. 스마트폰이나 태블릿과 멀어지는 것은 생각보다 어려워요. 디지털 디톡스 시간을 미리 정해 두거나 과감하게 스마트폰이 잘 터지지 않는 캠핑장에 가도 좋겠죠. 스마트폰으로 음악을 듣거나 카메라를 사용해야 된다면 비행기 모드를 켜요. 곁에 있으면 자꾸 손이 가게 되니 멀리 떨어뜨려 놓아야 디지털 디톡스를 할 수 있습니다.

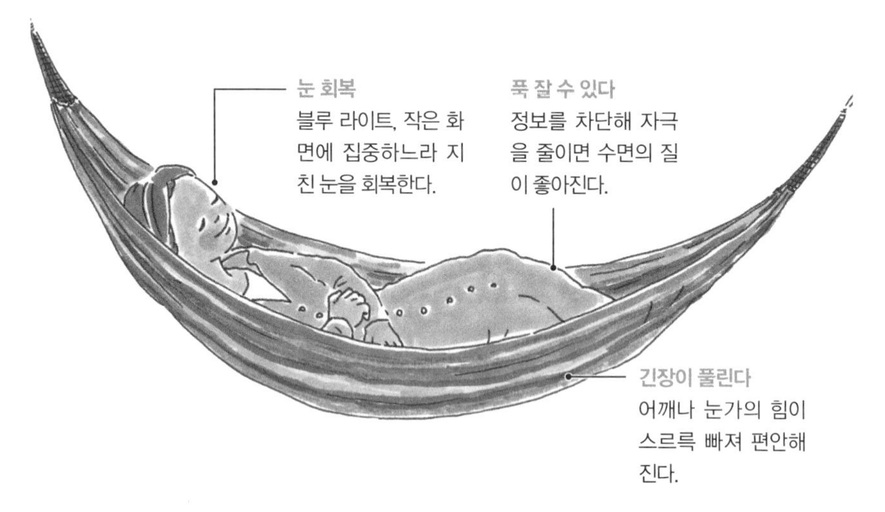

덩그러니 빈 시간에 뭘 할지 생각해 둔다

디지털 디톡스를 해도 할 일이 없거나 여유를 즐기지 못하면 스마트폰의 자극이 그리워지죠. 모처럼 생긴 시간에 뭘 할지 미리 생각해 두는 게 좋습니다.

예를 들어 평소에는 하기 어려운 수예나 공작 같은 취미나 요리도 좋고, 책을 읽거나 그림을 그리면 어떨까요. 좋아하거나 집중할 수 있는 활동을 찾아 봐요. 뒹굴뒹굴 누워 좋아하는 음악을 듣기만 해도 충분히 멋진 시간입니다.

오감을 자극하자

미각

그 지역 식재료나
먹어 본 적 없는 음식에 도전한다

그 지역에서만 나는 식재료를 적극적으로 사자. 캠핑 갔을 때만 먹는, 나에게 주는 선물을 준비해 둬도 좋다.

시각

경치를 구경하거나
그림을 그린다

평소 가까운 것을 주로 보니 멀리 있는 것으로 시선을 돌린다. 물감을 섞어 다양한 색을 만들어 보는 것도 추천한다.

후각

나무의 향을 들이마신다

삼림 속에서 심호흡하자. 바람 냄새가 몸 안을 채워 기분이 새로워진다.

청각

자연의 소리에
귀를 기울인다

곤충이나 새, 강이나 바람 등 자연의 소리에 귀를 기울이며 들리는 소리를 기록해도 즐겁다. 자연의 소리는 시시각각 바뀌니 변화도 느껴 보자.

촉각

맨발로 자연과 닿는다

신발을 벗고 맨발바닥으로 강물이나 돌, 잔디 등을 느껴 보자. 평소 경험하지 못하는 감각이 뇌를 자극한다.

캠핑에서 사우나를 즐기자

#사우나 #릴랙스 #물가놀이 #북유럽스타일

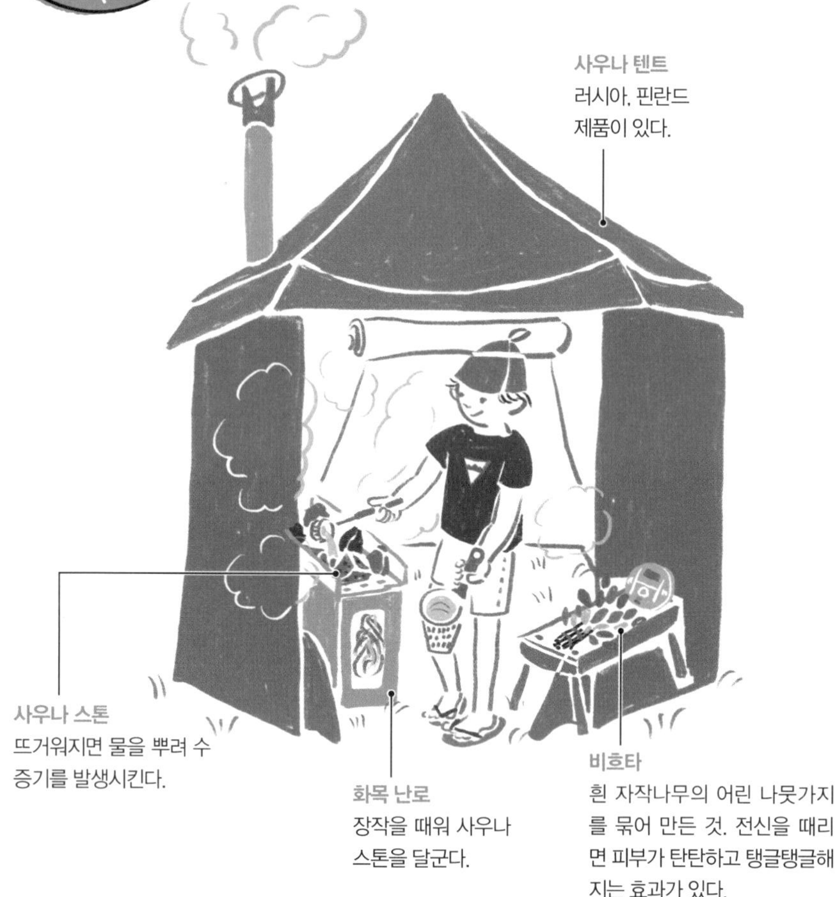

몸속까지 따뜻해지는 행복

캠핑하며 사우나를 즐길 수 있는 사우나 텐트가 은근 인기예요. 사우나 텐트가 있으면 어디든 들고 갈 수 있으니까 강가나 바닷가에서도 사우나를 할 수 있어요. 몸속까지 데운 후 바깥바람을 맞거나 강물에 들어가면 기분 최고! 사우나 텐트의 종류도, 크기도, 설치법이나 사용법도 다양하니 나에게 잘 맞는 것을 찾아 보세요.

Q 어떤 차림이 좋을까?

A 수영복이나 젖어도 되는 옷차림. 장신구는 뺀다. 머리가 뜨거워지니 사우나용 모자를 쓰면 좋다.

Q 위험하지 않을까?

A 잘못된 설치법이나 사용법은 사고로 이어지니, 불을 철저히 관리하고 일산화 탄소 경보기를 지참해 위험한 일이 생기지 않게 주의한다. 직접 설치해서 쓴다면, 사우나 텐트를 써도 되는지 캠핑장에 확인한다. 주변 캠퍼를 방해하지 않게 조심할 것.

Q 사우나 스톤은 어떤 것이 좋을까?

A 높은 온도로 달궈지기 때문에 불에 강한 화강암 종류가 좋다. 안전을 위해 가급적 전용 사우나 스톤을 이용하자.

Q 사우나 텐트를 본격적으로 즐기려면?

A 좋아하는 아로마 오일을 사우나 스톤에 떨어뜨리거나, 흰 자작나무를 묶은 비흐타로 몸을 때리는 '위스킹'이라는 마사지를 즐겨도 좋다.

Q 더 후끈후끈하게 즐기고 싶다면?

A 사우나 스톤에 물을 뿌려 텐트 내 온도를 단숨에 올려 보자. 체감 온도는 올라가지만, 수증기를 쐬면 기분이 좋다.

일찍 일어나 아침을 즐기자

#아침시간 #릴랙스 #자연관찰

밤이 빠른 만큼 아침 해와 함께 깨고 싶다

캠핑장에서 아침을 맞이하면, 공기가 얼마나 신선하고 차가운지 놀랄 거예요. 여름이라도 아침은 시원하니, 일찍 일어나서 산책해 보세요. 사람들이 잠잠할 때 활동하는 곤충이나 새와 만날 수도 있고, 낮과 다른 경치도 볼 수 있어요.

해 뜨는 시각을 조사해 아침놀을 보는 것도 추천합니다. 일찍 일어나면 하루가 길게 느껴지니 느긋하게 캠핑을 즐길 수 있어요.

아침에 일찍 일어나면…

- 조금 멀리 산책한다.
- 아침밥을 느긋하게 준비한다.
- 커피를 로스팅한다.
- 빵 반죽을 만든다.
- 매트를 펼치고 요가를 한다.

비가 오면 할 수 있는 놀이를 즐기자

#자연관찰 #우중캠핑 #아이와함께

비가 와서 아쉽다고 생각하지 말자

캠핑을 갔는데 비가 오면 아무것도 못 한다고 생각할 수 있어요. 텐트가 젖고 철수하기 어려워지는 건 맞지만, 비가 오는 날만의 즐거움이 있습니다. 우비나 장화 차림으로 산책하면 비에 젖은 아름다운 초목을 볼 수 있어요. 빗물을 이용해 색깔 물을 만들고, 비닐우산에 유성 펜으로 그림을 그려 나만의 우산을 만들어도 좋죠. 일기예보를 확인해 비가 온다면 우중 활동을 생각하고 출발합시다.

물방울이 떨어지는 소리를 듣는다

비가 똑똑 떨어지는 곳에 양동이나 병을 두고 빗소리를 듣는다. 여기저기 놓으면 리듬감 있다.

강을 만든다

물웅덩이 주변의 흙을 파서 길을 내 강을 만든다. 비를 받아 상류에서 흘려보내도 재미있다.

평소 못 보는 생물과 만날지도

개구리나 달팽이, 민달팽이, 지렁이는 비를 좋아한다. 돌 아래나 응달에 숨어 있는 생물을 찾아 보며 산책한다.

젖은 도화지에 그림을 그린다

도화지를 비에 적신 후, 천으로 가볍게 닦고 물감을 떨어뜨린다. 은은히 퍼지면서 다른 색과 섞여 멋진 그림이 만들어진다.

PART 3

tools

장비의 늪으로 어서 오세요

조금 손이 가는 장비를 쓰며

불편함을 즐기는 것도 캠핑의 진정한 재미.

내게 가장 잘 맞는 캠핑 장비를 찾아내는 것도 즐겁죠.

직접 장비를 만드는 것도

캠핑만의 즐거움입니다!

GAS
GAS
GAS
GAS
GAS
GAS
CAUTION!
FIRE
FOR
OUTDOOR

PART3 tools 057

하나로 두 가지 역할을 하는 윈드스크린을 써 보자

#윈드스크린 #바람 #가림막 #모닥불

윈드스크린으로 바람을 막아 온기를 놓치지 않는다

최근 사용자가 늘어나는 인기 장비 윈드스크린. 캠프 사이트 끝에 칸막이처럼 세우면 끝! 굉장히 편리해요.

윈드스크린은 이름대로 방풍 기능을 해요. 화로대 너머에 세우면, 갑자기 부는 돌풍을 막아 불이 솟구치지 않고 연기나 불똥이 옆 사이트를 침범하지도 않아요. 보통 잘 타지 않는 소재로 만드니 안심할 수 있습니다. 또 모닥불이 만들어 낸 따듯한 공기를 반사해 효율적인 난방에 도움을 줘요.

사방을 막아 나만의 공간을 만든다

윈드스크린의 또 다른 역할은 가림막입니다. 비수기일 때나 옆 캠퍼와 충분히 거리가 있을 때는 괜찮지만, 성수기 오토캠핑장은 무척 혼잡해서 텐트를 잘못 설치하면 바로 눈앞에서 식사 중인 다른 가족이나 쉬고 있는 다른 그룹과 눈이 마주쳐서 멋쩍어요.

한쪽은 차, 그 옆으로는 텐트를 설치해 두 방향을 막은 상태에서 윈드스크린을 활용하면, 세 방향을 막을 수 있습니다. 남은 한 방향은 통로나 도로 쪽으로 내서 키친 테이블을 배치하면 오가기도 편합니다. 내 사이트를 이렇게 막아 두면, 사적인 공간을 확보할 수 있어요.

7가지 변화! 타프 설치법을 알아보자

#타프 #바람 #우중캠핑

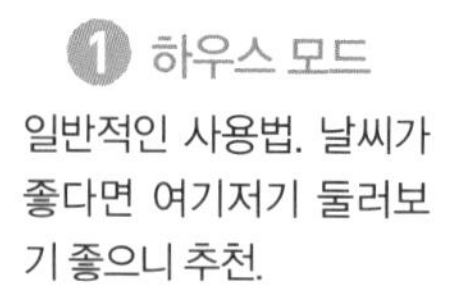

❶ 하우스 모드

일반적인 사용법. 날씨가 좋다면 여기저기 둘러보기 좋으니 추천.

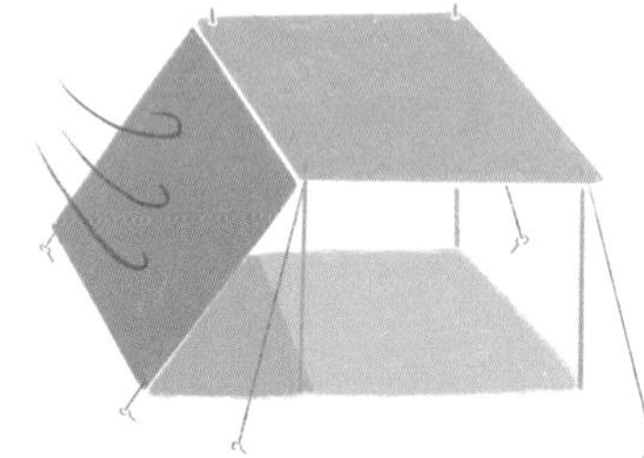

❷ 방풍 모드

바람 부는 쏙 폴대를 제거하고 타프 끝을 내려 지면에 스트링으로 고정한다.

❸ 차양 모드

해가 비치는 반대쪽 옆면에 긴 폴대를 써서 전체를 비스듬하게 만든다. 그늘을 크게 만들 수 있다.

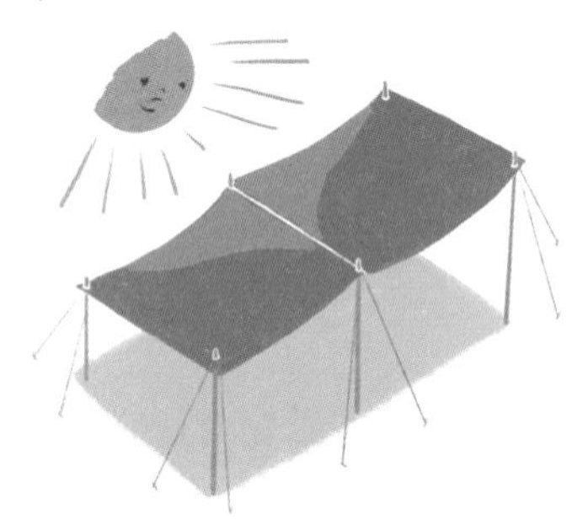

타프 설치법은 하나가 아니다

타프를 바르게 설치하는 방법은 있어도 정해진 설치법은 따로 없어요. 캠프 사이트의 형태나 기후 · 계절에 따라 유동적으로 쓸 수 있는 게 타프입니다. 바람이 신경 쓰이면 바람 부는 쪽만 낮추고, 햇살이 강하면 남쪽이나 서쪽을 기울여 그늘을 만드는 식으로 쓸 수 있어요. 폴대 6개와 직사각형 타프로, 네 모서리를 올리거나 내려 다양한 형태로 설치할 수 있습니다.

④ 우천 모드
폴대 수를 줄이고 타프 모서리를 스트링을 이용해 지면에 설치한다. 그쪽을 따라 빗물이 흐른다.

⑤ 호우 모드
들이치는 비를 피해 지면에 거의 닿을 정도로 양쪽 끝을 내린다.

⑥ 비박 모드
한쪽 모서리만 폴대를 쓰고, 다른 모서리는 팩을 사용해 전부 지면에 박는다.

⑦ 커버 모드
짐을 비바람으로부터 지킬 수 있다. 사람은 차나 텐트에 들어가 날씨가 회복되기를 기다린다.

자유로운 발상으로 타프를 활용하자

타프는 폴대와 스트링을 어떻게 사용하느냐에 따라 다양하게 활용할 수 있어요. 폴대 수를 줄여도 좋고, 스트링 수를 늘려도 좋죠.

예를 들어 가장자리에서 물이 너무 떨어진다 싶으면, 모서리 폴대를 제거하고 스트링을 써서 지면으로 타프를 당기면 그쪽으로 물이 흘러갈 거예요. 비가 세차게 내리면, 네 모서리의 폴대를 모두 제거하고 가운데 양 끝만 남겨서 뾰족하게 친 뒤, 가운데에 짐을 모아 두면 돼요. 바람이 거세면 폴대를 하나만 써서 바람이 불어오는 쪽을 전부 낮춰서 쓸 수도 있습니다. 또 폴대를 전혀 쓰지 않고 지면에 찰싹 달라붙게 해서 짐을 지킬 수도 있어요. 악천후일수록 타프를 활용합시다.

최적의 의자를 찾아라

#의자 #릴랙스

오랜 시간을 보내는 의자는 마음에 드는 것으로

캠프 사이트에 있는 동안 가장 오래 머무는 곳이 의자라고 해도 과장이 아니에요. 처음에는 그때그때 저렴한 것을 사게 되는데, 한번 사면 오래 쓰는 장비이니 반드시 직접 앉아 보고 편한 것을 선택해요.

프레임이 플라스틱인 의자는 파손되기 쉬우니 비슷한 가격대의 의자라도 잘 비교해 튼튼하면서 모양도 좋은 것을 골라 보세요.

이 의자를 추천합니다

앉았을 때 편한 게 중요하다면 암체어 타입이 좋습니다. 팔꿈치를 올려놓을 수 있어 편안하죠. 등받이가 높아 머리까지 기댈 수 있다면 더 편하게 앉을 수 있어요. 거기에 컵걸이가 있다면 테이블을 넓게 쓸 수 있어서 좋아요.

가족 캠퍼라면 벤치 타입이 하나 있으면 편리해요. 벤치 타입은 가만히 있지 않고 여기저기 다니는 아이가 앉았다 일어났다 하기 편해요. 졸리면 바로 옆으로 누워도 되고요.

작고 가벼운 걸 선호한다면 플라잉체어 타입을 추천합니다. 몸을 포근히 감싸 주고, 들고 다니기 간편해서 좋아요. 화로대에 둘러앉기 딱 좋은 높이죠. 크기가 작아서 캠핑에서뿐만 아니라 집이나 근처 공원에서 간단히 쓸 수 있어요.

암체어 타입

접으면 약 90cm 정도 길이.
무게는 3kg 전후.

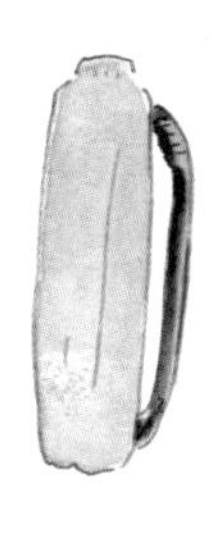

벤치 타입

접으면 100cm×60cm 정도. 무게는 4~5kg으로 약간 무거운 편.

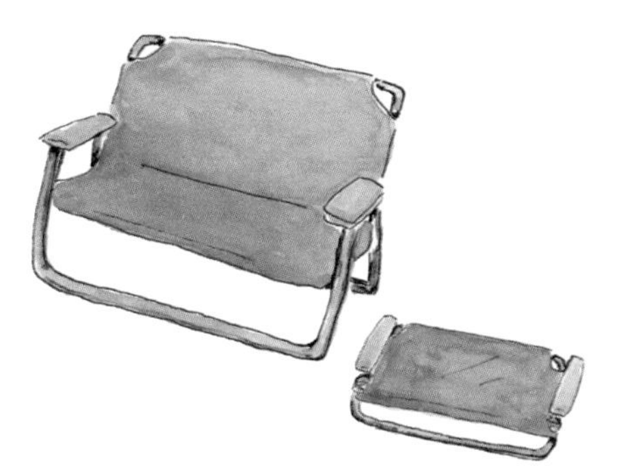

플라잉체어 타입

접으면 40cm 정도. 무게도 1~2kg으로 백패킹에 가져가도 좋은 가벼움.

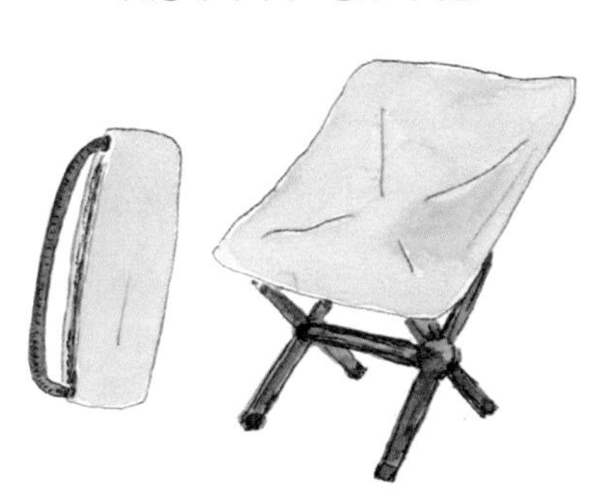

침낭×매트의 최적 조합으로 숙면하자

#침낭 #매트 #방한 #숙면하고싶어

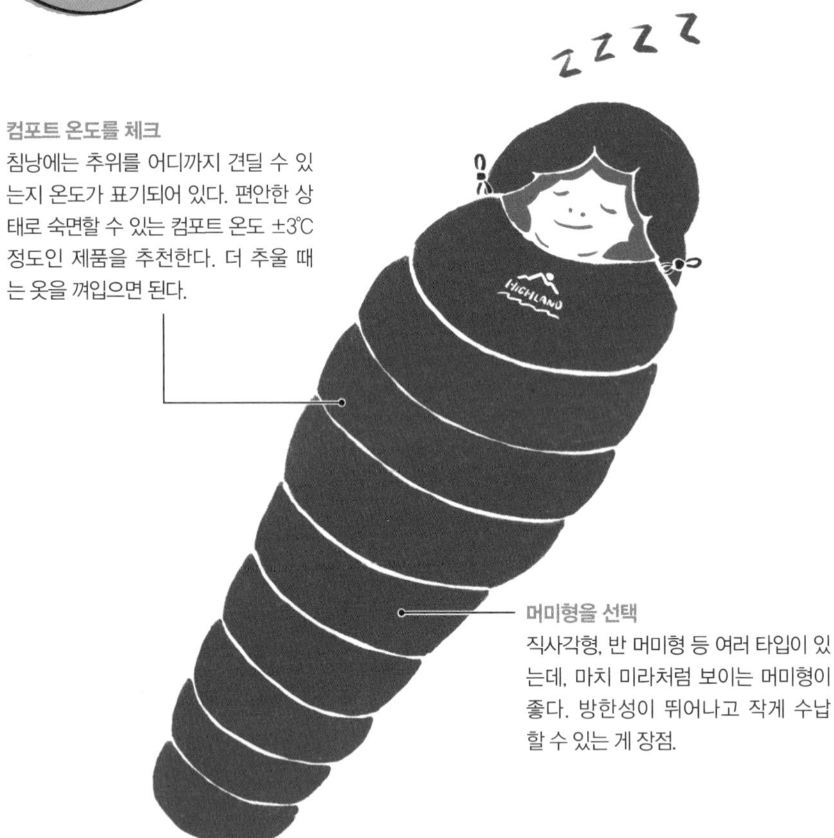

컴포트 온도를 체크
침낭에는 추위를 어디까지 견딜 수 있는지 온도가 표기되어 있다. 편안한 상태로 숙면할 수 있는 컴포트 온도 ±3℃ 정도인 제품을 추천한다. 더 추울 때는 옷을 껴입으면 된다.

머미형을 선택
직사각형, 반 머미형 등 여러 타입이 있는데, 마치 미라처럼 보이는 머미형이 좋다. 방한성이 뛰어나고 작게 수납할 수 있는 게 장점.

침낭은 컴포트 온도에 중점을 두고 리미트 온도도 체크

캠핑이라면 여름! 처음에는 이렇게 생각하지만, 다니다 보면 사람이 적은 시원한 봄이나 가을에 가고 싶어져요. 그러니까 처음부터 사계절용 침낭을 준비해 두는 게 좋겠죠.

침낭은 보온력이 제일 중요합니다. 주로 컴포트, 리미트, 익스트림 3가지로 보온력이 정리되어 있는데, 리미트는 웅크리고 잠을 잘 수 있는 온도, 익스트림은 최대 6시간을 견딜 수 있는 온도를 말해요. 쾌적하게 잘 수 있는 컴포트 온도에 중점을 두고 고릅니다.

좋은 잠자리는 매트 선택에 달렸다

텐트 바닥의 울퉁불퉁한 감촉은 손으로 만질 때는 괜찮아도 누우면 생각보다 잘 느껴져요. 신경 쓰이기 시작하면 잠을 푹 잘 수 없어요. 냉기나 열기 때문에 잠을 못 잘 때도 있죠. 지면의 영향을 어떻게 차단할 것인가가 기분 좋은 잠자리를 만드는 핵심입니다.

캠핑 매트마다 장단점이 있어서 어떤 게 완벽하다고 할 수 없어요. 펼치기 쉬운가, 수납하기 좋은 크기인가, 푹신함이 최우선 고려 사항인가 등 자신의 캠핑 스타일에 맞는 타입을 찾아 봅시다.

자충매트
백패킹에도 가져갈 수 있는 경량성이 특징.
장점: 작게 접을 수 있다.
단점: 펼치는 데 시간이 걸린다. 면적이 작다.

에어매트
가족 단위 오토 캠핑에 추천.
장점: 두툼하다. 넓다.
단점: 흔들린다. 펌프가 필요하다.

발포매트
적은 인원의 오토 캠핑이라면 이것으로 충분. 지형은 최대한 평평한 곳이 좋다.
장점: 저렴하다.
단점: 부피가 크다.

야전 침대의 늪에 빠져 보자

#야전침대 #방한 #숙면하고싶어 #하나로두가지

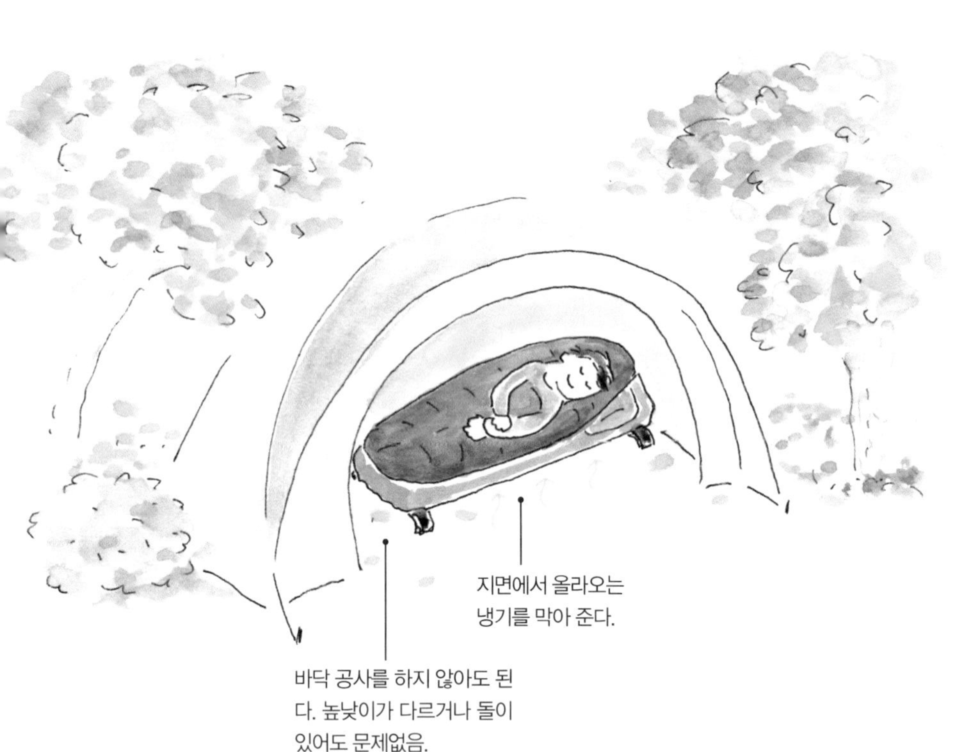

야전 침대라는 새로운 선택지

캠핑에 익숙해지면, 침낭 · 매트 이외에 다른 것도 눈에 들어와요. 바로 야전 침대입니다. 지면에서 올라오는 냉기나 열기, 높낮이 차이, 지형 등에서 벗어날 수 있죠. 언제 어디서나 평평하고 쾌적한 잠자리가 보장되니 써 보면 그 편리함에 푹 빠지고도 남습니다. 야전 침대가 있으면 바닥이 없는 텐트를 사용할 수 있고, 신발을 신은 채 텐트에 들락날락할 수 있으니 편리하죠. 낮에는 벤치로 사용할 수 있어요.

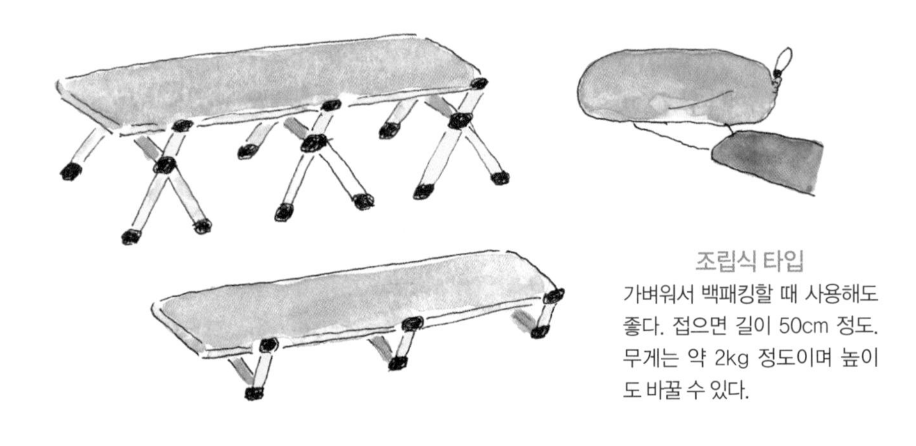

조립식 타입
가벼워서 백패킹할 때 사용해도 좋다. 접으면 길이 50cm 정도. 무게는 약 2kg 정도이며 높이도 바꿀 수 있다.

조립식인가 접이식인가, 이것이 문제로다

야전 침대는 수납성이 좋고 가벼운 조립식과 의자처럼 단숨에 접을 수 있는 접이식 타입으로 나뉩니다. 누웠을 때 느낌은 크게 차이 나지 않으니 가지고 다니기 편함을 선택할 것인가, 설치하기 간편함을 선택할 것인가에 달렸죠.

조립식 타입은 헬리녹스 제품이 인기입니다. 프레임 조립에 많은 힘을 들이지 않고 누구나 쉽게 할 수 있는 게 특징이죠. 다리를 연장하는 옵션이 있어서 나에게 맞는 높이를 선택할 수 있습니다. 접이식 타입은 부피가 좀 있지만 몇 초 만에 설치할 수 있는 간편함이 매력이죠. 오토 캠핑에 잘 어울려요.

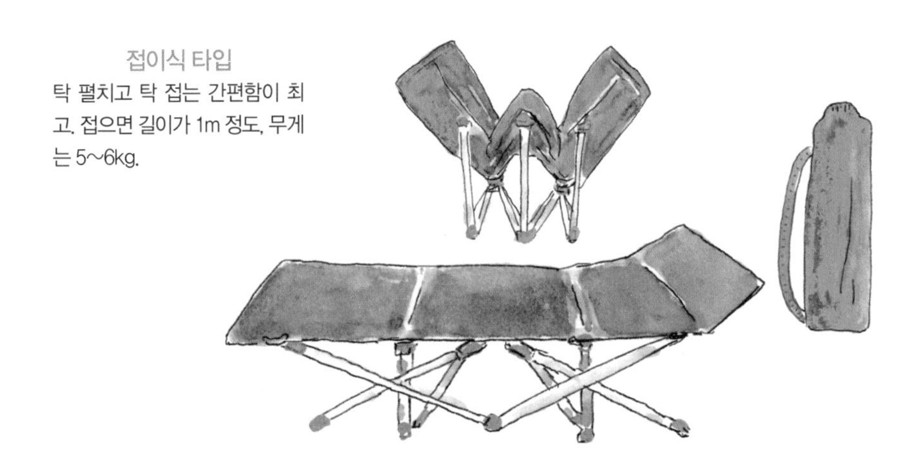

접이식 타입
탁 펼치고 탁 접는 간편함이 최고. 접으면 길이가 1m 정도, 무게는 5~6kg.

해먹의 변신은 무죄! 다양하게 활용하자

#해먹 #릴랙스 #하나로두가지 #미니멀캠핑 #혼캠핑

해먹의 장점

여름에 시원하게 잠자거나 쉴 수 있고, 세탁이 쉬워서 좋다. 몸을 포근하게 감싸서 해먹에서 자면 아늑함을 느낄 수 있다.

가벼워서 가지고 다니기 좋다!

가볍고 접으면 아주 작아진다. 짐을 줄이고 싶은 혼캠핑에서 활용하기 좋다. 해먹 하나가 여러 역할을 해! 이것저것 챙길 필요 없다.

낮에는 의자로

앉았을 때 발이 지면에 닿는 위치에 설치하면, 해먹에 앉아 커피를 마시거나 책을 읽을 수 있다. 흔들의자처럼 기분 좋다.

수면의 질이 상승

폭 감싸인 편안함과 느릿느릿한 흔들림이 깊은 잠에 빠져들게 한다. 명상하는 기분으로 온몸의 힘을 빼고 체중을 맡기자.

해먹박으로 릴랙스

휴식을 취할 때 최고인 해먹을 침대로 사용해 보세요. 해먹이 온몸을 감싸며 몸무게를 받쳐 주기 때문에 허리와 엉덩이에만 부담이 가지 않아 편안하게 잘 수 있어요. 해먹에 누울 때 대각선으로 비스듬하게 누우면 몸이 푹 꺼지지 않고 비교적 수평을 유지한 상태로 잘 수 있죠. 등과 바닥 사이에 공간이 생겨 바람이 통하니까 무더운 날씨에도 쾌적하게 잘 수 있습니다.

지면 상태를 신경 쓰지 않아도 되는 것도 장점입니다. 비 내리는 날이면 타프를 펼치고, 곤충이 많은 계절에는 모기장을 치는 등 해먹 주변에 활용할 장비도 많아요. 나무가 없는 곳에서 쓸 수 있는 자립식 해먹도 있어요. 텐트로는 누리지 못하는 즐거움과 힐링이 기다립니다.

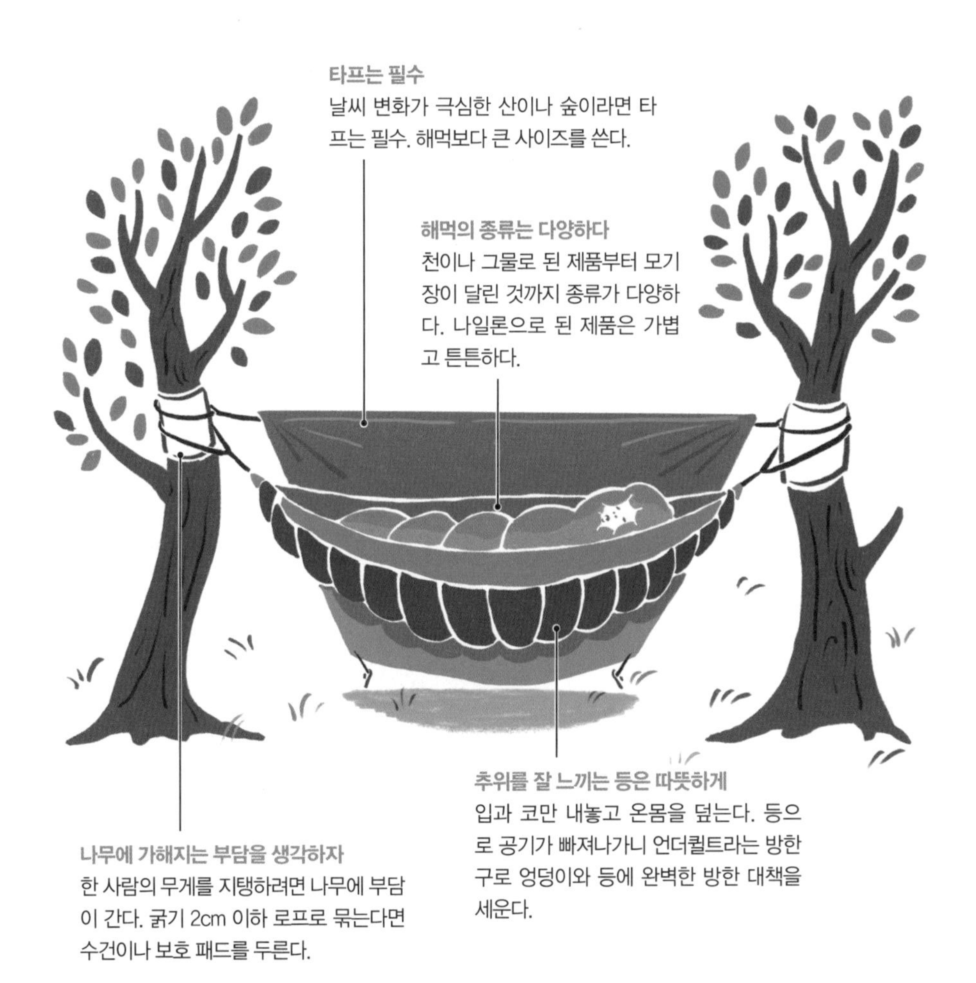

딱 맞으면 기분 최고! 찰떡궁합을 찾자

#커스터마이즈 #수납 #미니멀캠핑

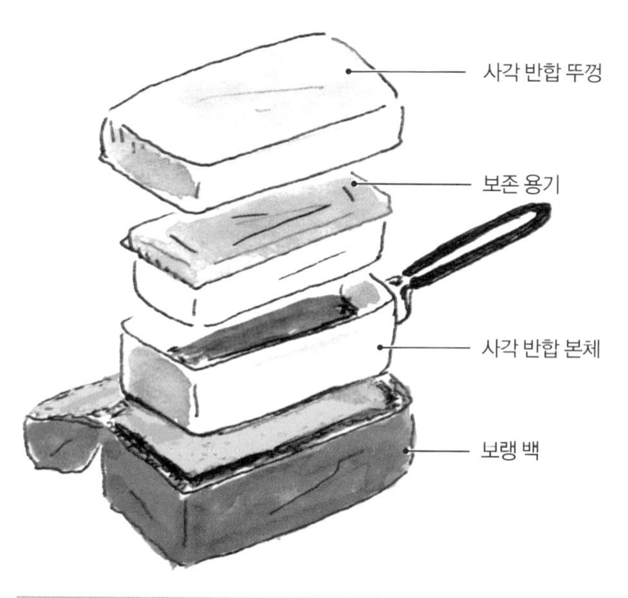

찾는 요령

1. 손바닥이나 손가락을 기준으로 잰다.
2. 치수를 재고 본을 뜬다.
3. 실물을 가지고 다닌다.

찰떡궁합 캠핑 장비는 수납력 최고

마치 신데렐라가 유리 구두를 신었을 때처럼 다른 회사의 제품끼리 이상하게 딱 잘 맞는다. 그러면 수납하거나 운반하기 편한 것은 당연하고, 시원한 쾌감이 느껴집니다.
예를 들어 보존 용기가 사각 반합 안에 딱 들어갔는데, 그 사각 반합이 또 저렴하게 산 보랭 백에 들어가 수납 가방이 따로 필요 없는, 이런 기적의 조합을 완성하면 기분이 최고죠.

일단 해 보며 딱 맞는 찰떡궁합을 찾는다

딱 맞는 아이템을 어떻게 찾을까? 오로지 해 보는 방법뿐이에요. 집에 있는 것끼리 맞춰 보거나 본을 떠 가게에서 맞춰 보는 등 많이 시도해야만 찰떡궁합 제품을 발견합니다. 이론파라면 치수를 면밀하게 재서 실제로 비교하고 맞춰 보는 것에 재미를 느낄 테죠. 직감파라면 감에 의지해 해 보고 딱 맞았을 때의 쾌감을 즐겨도 좋고요.

탐색 장소는 종류나 사이즈가 다양한 상품을 갖춘 다이소 같은 균일가 상점을 추천합니다.

한 가지 주의할 점은 실용성을 잊지 말 것! 아무리 잘 들어맞더라도 식사할 때 쓸 병에 팩을 담아 운반하는 건 맞지 않죠.

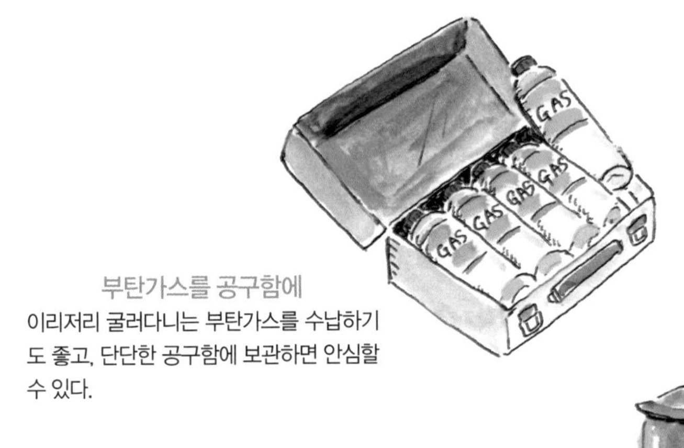

부탄가스를 공구함에

이리저리 굴러다니는 부탄가스를 수납하기도 좋고, 단단한 공구함에 보관하면 안심할 수 있다.

주전자와 조리 도구

주전자 입구에 딱 맞는 조리 도구는 간편하게 들고 다닐 수 있고, 술을 데울 때 쓸 수도 있다.

이소가스에 워머를

이소가스에 워머를 씌우면 녹이 잘 슬지 않고, 조용히 운반할 수 있다.

좁은 테이블을 현명하게 활용하자

#수납 #공간 #테이블 #텐트세팅

캠핑에 필요한 도구가 의외로 많다

인터넷이나 잡지에서 보는 캠핑 사진은 엄선한 멋진 장비만 테이블에 놓고 우아한 한때를 보내는 느낌인데, 실제로는 그야말로 전쟁터. 식재료부터 조미료, 각종 공구, 조리 도구가 혼잡해 뭘 하고 싶어도 자리가 부족한 게 현실이에요. 잘 생각해서 정리하면 되지만, 익숙하지 않은 곳에서 평소처럼 하기 어렵죠. 물리적 공간을 확장하는 게 빠른 해결책입니다.

보조 테이블을 늘려 작업 공간을 확보

메인 테이블은 창고처럼 쓰지 말고 작업 공간으로 늘 비워 두는 것이 쾌적하게 캠핑할 수 있는 요령입니다. 그러려면 메인 테이블 이외에 음식 재료나 조리 도구를 올려 둘 공간을 늘려야죠.

캠핑 박스 위에 상판을 올려서 테이블로 쓰거나, 경량 테이블처럼 작게 접을 수 있는 테이블을 옆에 설치하면 좋습니다. 또 작은 돗자리를 챙겨 가서 필요할 때 바닥에 펼치면 여러모로 편리해요(앉을 수도 있죠). 보조 공간을 확보했다면, 식사를 마치고 식기를 바로 보조 공간에 옮길 수 있으니 메인 테이블을 최대한 활용할 수 있어요.

캠핑 박스 테이블

플라스틱으로 만들어진 캠핑 박스의 윗부분은 아무것도 없거나 올록볼록한데, 상판을 올리면 평평해져서 쓰기 편하다.

경량 테이블

백패킹에서 주로 쓰는 경량 테이블도 오토 캠핑에서 사이드 테이블로 활용할 수 있다.

돗자리

적당한 크기의 돗자리가 있으면 캠프 사이트를 유연하고 입체적으로 활용할 수 있다.

쾌적하고 똑똑한 주방을 만들자

#주방 #공간 #텐트세팅

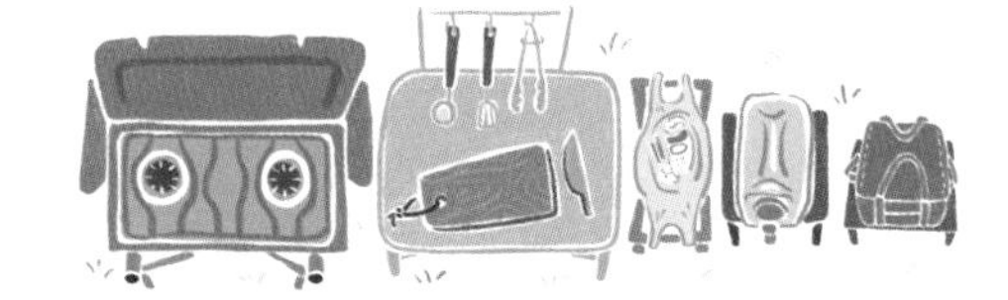

가로형 스타일
메인 테이블을 중심에 두고 모두 가로로 놓는 스타일. 평소 쓰는 주방과 비슷한 감각으로 요리할 수 있다.

ㄷ자형 스타일
안에 들어가 집중하는 스타일. 주변 공간이 부족하기 쉬우니 보조 테이블을 넉넉하게 둔다.

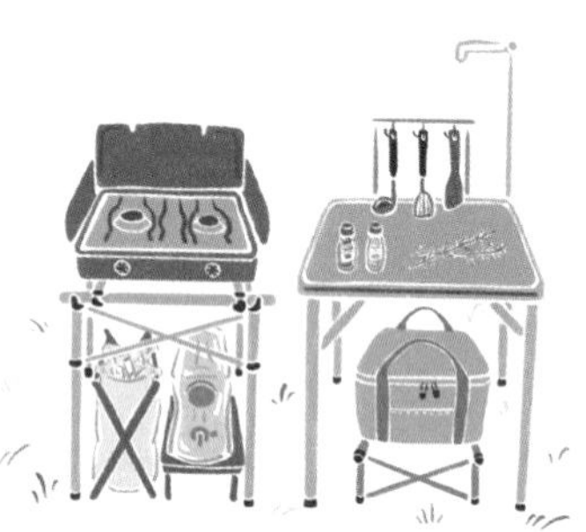

세로형 스타일
폭을 좁게 한 스타일. 이동이 적고 접근이 쉽다. 메인 테이블과 오가기 편하다.

주방은 동선을 고려해서 똑똑하게 배치

누가 사용하는지 몇 명이 사용하는지에 따라 캠핑의 주방 스타일도 달라져요. 여러 명이 요리한다면 가로형 스타일이 좋습니다. 혼자 요리에 몰두한다면 가로 움직임이 적은 스타일을 추천해요. 집중하고 싶다면 둘러싸이는 ㄷ자형 스타일이 좋고, 가족과 대화를 즐기고 싶다면 공간을 좁게 정리한 세로형 스타일이 좋죠. 움직이는 효율을 고려해 나만의 스타일을 발견해 봐요.

캠퍼 필수 장비 시에라컵을 마음껏 사용하자

#시에라컵 #하나로두가지 #편리한조리도구

나만의 시에라컵을 가져야만 캠퍼

미국 자연보호단체 '시에라 클럽'이 회원에게 배포한 컵에서 유래한 시에라컵. 지금은 여러 캠핑용품 회사에서 판매하는 기본 장비로서, 전 세계 캠퍼들이 애용합니다.

음료를 마시는 컵, 음식을 나누는 접시, 밥을 짓는 등 조리 도구로도 쓸 수 있어요. 크기와 모양, 깊이가 다양하니 나만의 시에라컵을 찾는 재미도 있습니다. 마음에 드는 컵을 찾아 잘 길들여 봅시다.

만능 조리 도구 무쇠팬으로 전부 해결하자

#무쇠팬 #하나로두가지 #편리한조리도구

더치 오븐으로

뚜껑도 무쇠여서 위아래로 가열하는 더치 오븐 대용으로 쓸 수 있다.

냄비로

살짝 깊어서 조림이나 카레도 만들 수 있다.

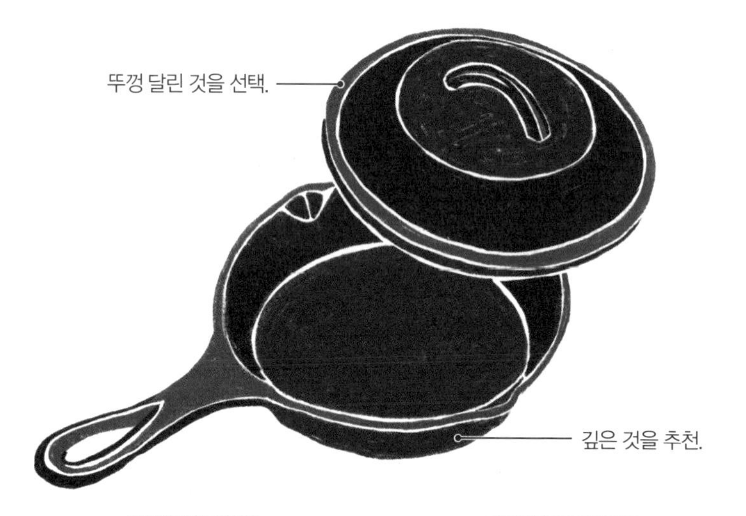

철판으로

삼겹살이나 스테이크 같은 철판 요리에도 딱.

프라이팬으로

볶음이나 달걀프라이 등 각종 요리에 쓸 수 있다.

무쇠팬 하나로 뭐든 할 수 있다

각종 조리 도구에 더치 오븐, 프라이팬까지 바리바리 챙겨 가도 결국 다 쓰지 않았던 경험이 있나요? 그렇다면 과감하게 무쇠팬 하나로 전부 해결하는 간편한 캠핑에 도전해 보세요. 뚜껑이 있고 살짝 깊은 무쇠팬 하나만 있으면 냄비부터 프라이팬, 더치오븐까지 대용할 수 있어요. 조리된 음식을 옮기지 않고 무쇠팬에 그대로 두면 접시로도 쓸 수 있으니 정말 만능이죠.

무쇠팬으로 더욱 확장되는 캠핑

소형 무쇠팬을 인원수만큼 준비하면 1인용 스테이크 접시가 됩니다. 화로대에 올려 스테이크를 구우면 육즙이 가득한 갓 구운 스테이크를 따뜻하게 즐길 수 있죠. 저녁 후 안주를 먹을 때는 올리브유를 둘러 감바스알아히요를 만들어도 좋아요. 아침에는 달걀을 부치고 토스트를 곁들여 먹기도 좋죠.

무쇠팬은 관리하기 어려워 보이는데, 생각보다 간단해요. 사용 후에 세제 없이 물로 설거지하고, 불에 데워서 수분을 날린 뒤 키친타월에 올리브유를 묻혀 발라 주면 끝입니다.

스테이크 접시로

작은 무쇠팬을 모닥불 위에 올려 단숨에 스테이크를 굽자.

감바스알아히요에도

크기가 적당해서 감바스알아히요도 만들 수 있다.

무쇠팬 관리법

1 세척한다(세제 없이).

2 수분을 날린다.

3 올리브유를 바른다.

새로운 유행, 웍으로 모닥불 요리를 하자

#웍 #하나로두가지 #편리한조리도구 #모닥불

캠핑에서 쓰는 웍

캠핑에서 쓸 웍은 지름 17cm 정도에 손잡이가 하나인 형태가 편리하다. 볶기 편한 전용 국자도 세트로 갖추자.

모닥불 화력을 감당하는 웍의 존재감

캠핑과 웍은 어울리지 않아 보여요. 그런데 요즘 더치 오븐을 대신할 조리 도구로 웍이 주목받고 있습니다. 활활 타오르는 모닥불의 강력한 불길을 이용해 요리할 수 있는 웍은 사실 캠핑과 잘 어울려요. 캠핑용 웍 세트 제품이 점점 많이 나오고 있으니, 캠핑에서 불맛을 느낄 수 있는 볶음 요리에 도전해 보세요.

룩색에 딱
둥그런 웍은 룩색에 절묘하게 어울린다. 백패킹에 가져가도 좋다.

훈제기로
전용 훈제기 없이도 맛있는 훈제 요리를 간편하게. 둥근 웍은 훈제에 적합하다.

찜통으로
나무 찜통이 따로 없어도 접이식 찜기만 있으면 찜 요리도 할 수 있다. 뚜껑은 안이 보이는 타입을 추천.

웍만 있으면 만능 요리사가 된다

웍으로 할 수 있는 요리가 볶음뿐이라고 생각하면 오산이에요. 웍의 둥근 바닥은 불이 균일하게 닿아 열효율이 매우 좋고, 깊이도 있어 조리거나 삶는 요리도 빨리할 수 있죠.

혹은 훈제기로도 쓸 수 있습니다. 알루미늄 포일을 깔고 훈연 칩을 놓아요. 그 위에 둥근 석쇠를 놓고 치즈나 소시지, 우무, 삶은 달걀(껍질은 벗긴다) 같은 재료를 얹어요. 뚜껑을 덮고 불에 올리면 훈제 요리를 즐길 수 있습니다.

또 물을 받아 접이식 찜기를 펼치고, 알루미늄 포일 위에 재료를 놓습니다. 뚜껑을 덮으면 간단 찜통 완성이죠. 찐빵 같은 간식도 만들 수 있으니 안 쓸 이유가 없습니다.

최고의 소프트 아이스박스를 고르자

#아이스박스 #수납 #미니멀캠핑 #주방

하드보다 소프트, 아이스박스의 새로운 시대

캠핑 아이스박스라면 커다랗고 딱딱한 하드 타입의 아이스박스가 먼저 떠오를 거예요. 그런데 혼캠핑을 하거나, 적은 인원으로 짧은 캠핑을 하는 걸 추구한다면 소프트 아이스박스를 추천합니다. 가볍고, 저렴하며, 집에 올 때나 캠핑을 안 할 때 접어서 보관할 수 있는 소프트 아이스박스는 편리하며 장점이 많습니다.

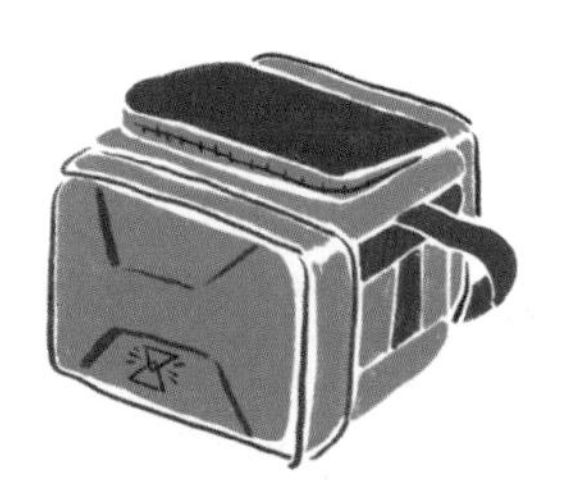

토트백 타입

토트백처럼 생긴 타입은 평소 장 볼 때도 쓸 수 있다.

하드쉘 타입

앞뒤 판은 딱딱하지만 본체(쉘) 중간에 지퍼가 있어 접을 수 있다. 하드 타입에 필적하는 보랭 성능을 자랑한다.

박스 타입

가장 일반적인 타입. 작게 접을 수 있고, 디자인이 예쁜 제품이 많다.

놓는 방식도 중요

의자나 벤치, 스탠드 등 땅에서 떨어뜨려 올려놓고, 위에 알루미늄 시트를 덮으면 더 오래 냉기를 보존할 수 있다.

보랭제 배치 기술

보랭제를 위아래로 놓아 냉기를 가운데에 모이게 한다. 고기류는 작은 보랭 백에 넣는다.

소프트 아이스박스를 잘 쓰는 기술

예전보다 성능이 좋아졌어도 하드 타입과 비교하면 소프트 타입 아이스박스는 아무래도 보랭 성능에 한계가 있어요. 안에 무엇을 넣느냐에 따라 타입을 나눠 쓰거나, 보랭제를 잘 써서 보랭 성능을 최대한 끌어냅시다.

잘 상하는 고기류는 작은 보랭백에 넣어 소프트 아이스박스에 넣으면 이중으로 보랭할 수 있고, 뚜껑을 여닫으면 생기는 냉기 손실의 영향도 줄일 수 있어요. 또 위에 알루미늄 시트를 덮거나 테이블 위처럼 조금 높은 곳에 두면 외부 기온이나 지면에서 올라오는 열기의 영향을 억제할 수 있습니다.

흔들흔들 촛불로 힐링하자

#캔들 #랜턴 #릴랙스 #밤시간

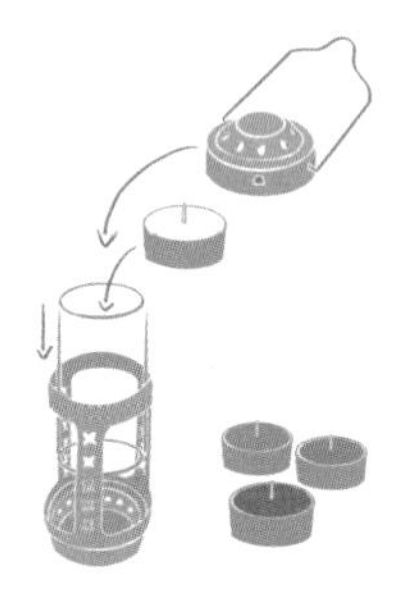

간단한 구조
랜턴 안에 캔들을 넣고 라이터로 불을 붙이면 그만.

캔들 랜턴
티라이트 캔들 등 초를 쓰는 소형 랜턴. 다양한 가격대의 제품이 있다.

캔들 랜턴의 빛이 따사로운 밤 시간

식사 후 정리까지 다 끝낸 밤, 가스 랜턴이나 LED 랜턴의 이글이글한 빛은 느긋한 휴식을 취하기에 너무 밝아요. 모닥불도 좋은데 뒤처리가 힘들죠. 그렇다면 초를 넣어서 쓰는 캔들 랜턴의 부드러운 빛을 추천합니다. 은은하게 일렁이는 불빛과 그 불빛에 맞춰 그림자가 춤추는 광경을 보고 있으면 저절로 힐링이 됩니다. 저렴하고 간단히 불을 끌 수 있어 부담 없는 것도 매력이죠.

티라이트 캔들을 취향대로 만들어 보자

캔들 랜턴에 쓰는 '티라이트 캔들'은 쉽게 구할 수 있어요. 캠핑용으로 나오는 방충 아로마 타입도 있는데, 색과 향을 내 취향에 맞춰 직접 티라이트 캔들을 만들면 어떨까요?

티라이트 캔들은 심지를 잡고 당기면 알루미늄 컵에서 간단히 초를 뺄 수 있어요. 심지도 아래쪽 부분을 당기면 쑥 빠지죠. 이걸 80℃ 이상의 끓는 물로 중탕해 녹이고, 아로마 오일이나 깎아 낸 크레파스(양초와 거의 비슷한 원재료)를 섞어요. 알루미늄 컵에 심지를 세우고 중탕으로 녹인 초를 부은 후 굳기를 기다리면 끝입니다. 캠핑하며 만들어도 즐겁겠죠?

나만의 티라이트 캔들 만들기

❶ 양초를 꺼낸다

알루미늄 컵을 들고 심지를 천천히 당기면 뺄 수 있다. 심지는 아래쪽 둥근 부분을 당기면 간단히 빠진다.

크레파스

좋아하는 색 크레파스를 커터 칼로 깎아 초에 섞어 착색한다. 크레파스는 초처럼 부슬부슬 녹는다.

아로마오일

라벤더나 시트러스 등 좋아하는 아로마오일을 몇 방울 섞어 향을 낸다.

❷ 중탕한다

볼에 넣은 양초를 80℃ 이상 끓는 물에 넣어 데운다(불은 끈다). 양초는 60℃ 이상이면 부슬부슬 녹는다.

❸ 컵에 담는다

❶의 컵에 심지를 세우고, ❷의 양초를 담는다. 양초가 식으며 굳도록 30분쯤 기다리면 완성.

있으면 편리한 보온병을 쓰자

#보온병 #아침시간 #음료

이런 보온병이 좋다

전날 밤에 끓인 물이 아침에도 여전히 따뜻한 행복

캠핑에서는 필요할 때 바로 물을 끓일 수 없는 경우가 생길 수 있어요. 추운 아침에 따뜻한 커피가 그리울 때, 전날 밤에 끓여 둔 물이 여전히 따뜻하다면 행복하게 하루를 보낼 수 있겠죠. 당연히 차가운 음료도 차갑게 유지해 줘요. 얼음도 잘 안 녹죠.

보온병마다 크기가 다양한데, 오토 캠핑에서 쓰기 좋은 대형(1L)과 백패킹용 소형(500mL)이 둘 다 있으면 편리합니다.

여러모로 편리한 카라비너를 갖추자

#카라비너 #하나로두가지

여기저기 편리하게 쓰기

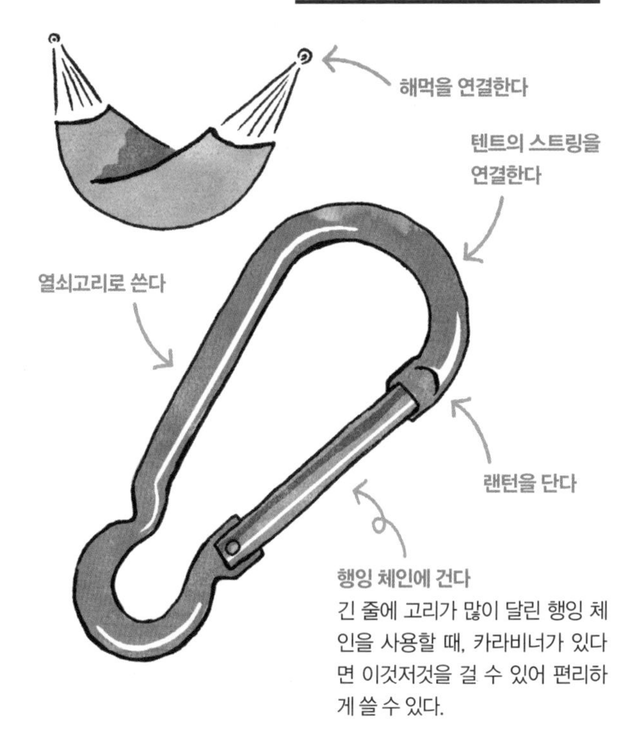

잠금 기능이 있는 것도
카라비너 게이트(움직이는 부분)에 나사식 잠금 기능이 있는 것도 있다. 꽉 잠그고 싶을 때 쓴다.

색이 다양해서 수집하는 재미도 있는 카라비너

금속 링 일부(게이트)를 개폐할 수 있는 카라비너는 원래 군용 아이템이었다가 등산용품으로 보급되었고, 지금은 캠핑의 필수 아이템이죠. 로프를 연결하거나 물건을 매달거나 잠금용 S자 훅처럼 쓸 수 있어서 편리해요. 전문가들이 쓰는 등산용 카라비너에는 인장 강도(kN)가 명시되어 있으니, 해먹처럼 무거운 것을 지탱할 때 쓰려면 미리 확인해야 합니다. 형태나 색이 다양해서 수집하는 재미도 있어요.

베테랑 캠퍼가 추천하는 착화제를 고르자

#착화제 #모닥불 #숯불 #불붙이기

고형 타입
쉽게 구할 수 있는 주류 착화제. 저렴하고 간편하고 확실한 착화제의 에이스.

성냥 타입
한쪽 끝 부분을 성냥처럼 비비면 착화제 중심이 불타는 타입. 능숙하게 착화하면 멋있다.

액체 타입
고형과 비교해 화력이 강한 액체 타입. 짜서 쓰는 튜브형도 있으나, 타는 도중에 추가하면 불이 옮겨붙을 위험이 있다. 작은 봉지에 든 타입이 쓰기 좋다.

베테랑은 고형 타입으로 재빨리 착화한다

숯이나 장작에 불을 붙일 때 무엇을 쓸지 수많은 캠퍼가 시행착오를 경험하는데 베테랑일수록 고형 타입을 선호해요. 저렴하고, 간편하고, 연소 시간이 길기 때문이에요. 특히 톱밥에 등유를 섞어 굳힌 타입이 잘 타서 장작에 불을 붙일 때 인기예요. 다만 냄새가 강하니, 요리할 때는 착화제가 완전히 탄 후에 하는 게 좋습니다.

원버너를 알차게 활용하자

#원버너 #주방 #미니멀캠핑 #혼캠핑

원버너를 풀 장비로

바람막이는 필수 아이템. 나무 테이블에서 쓴다면 단열 시트 도 준비하자. 가스 워머는 겨울철에 필요하다.

원 버너를 중심으로 추가 장비를 갖추자

버너 종류는 다양해요. 크기나 형태 등 어떤 걸 선택해야 할지 고민이 많죠. 미니멀 캠핑을 추구하거나, 백패킹을 주로 하거나, 캠핑 짐을 줄이고 싶다면 원버너를 추천합니다. 여기에 접이식 바람막이와 쿠커 스탠드를 조합해 사용한다면, 테이블에 원버너를 놓고 치즈 퐁뒤 등 다양한 캠핑 요리를 할 수 있어요.

전날 밤에 마신 맥주 캔으로 간단한 알코올 스토브를 만들자

#DIY #혼캠핑 #원버너 #알코올스토브 #주방

알코올 스토브 만드는 법

재료

- 350mL 알루미늄 캔 2개

도구

- 커터 칼
- 펜치
- 쇠가위
- 유성 펜
- 압정

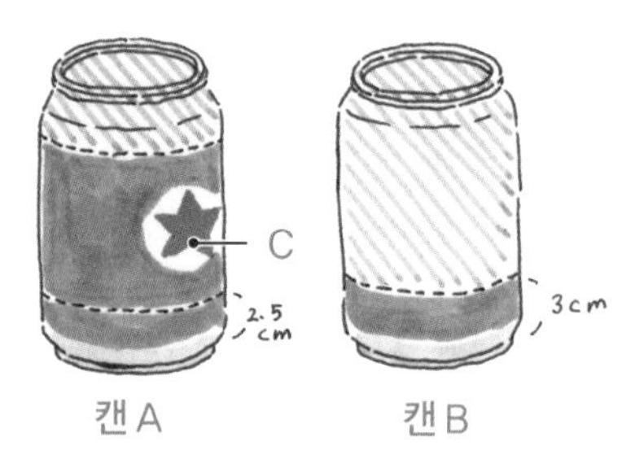

1 캔을 자른다

알루미늄 캔 아래쪽을 2.5cm와 3cm 높이에서 자른다. 캔 A는 위쪽도 잘라 가운데 부분을 남긴다.

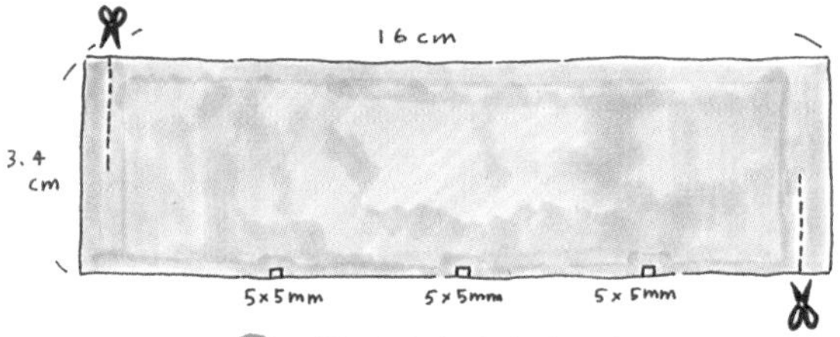

2 C를 띠처럼 펼쳐 자른다

잘라 낸 가운데 부분을 띠처럼 펼치고, 치수대로 자른다. 양쪽 끝은 각각 위와 아래에서부터 절반 지점까지 자른다. 밑변에는 3등분이 되는 위치마다 5mm 크기의 칼집을 넣는다.

나만의 알코올 스토브를 빈 캔 2개로 만든다

가볍게 가지고 다니며 간단한 요리를 할 수 있는 알코올 스토브를 직접 만들어 봅시다. 재료는 빈 캔 2개뿐. 자르고 구멍을 뚫어 조립하면 완성입니다.

최대한 틈이 생기지 않게 조립하는 것이 요령이죠. 잘린 테두리를 사포로 갈아 줘도 좋습니다. 알코올 연료의 불은 잘 보이지 않으니 주의해서 다뤄야 해요. 사용 중에 연료를 더 넣으면 안 됩니다.

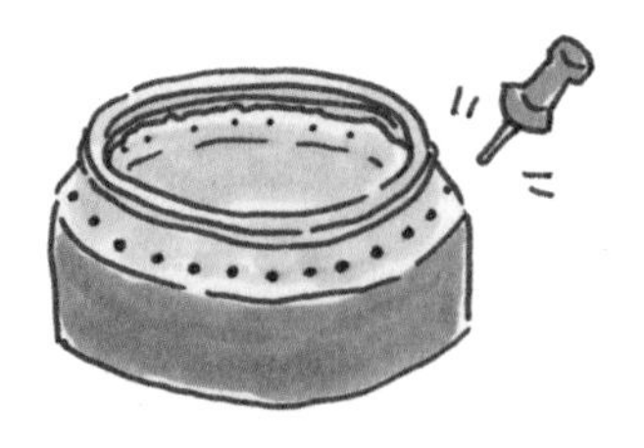

③ 뚜껑을 떼어 낸다

캔 B의 바닥을 동그랗게 떼어 낸다. 압정으로 원을 그리며 잘게 구멍을 뚫은 뒤 커터 칼로 자르면 편하다.

④ 구멍을 뚫는다

캔 B의 바닥 옆쪽에 압정으로 균등하게 32개의 구멍을 뚫는다.

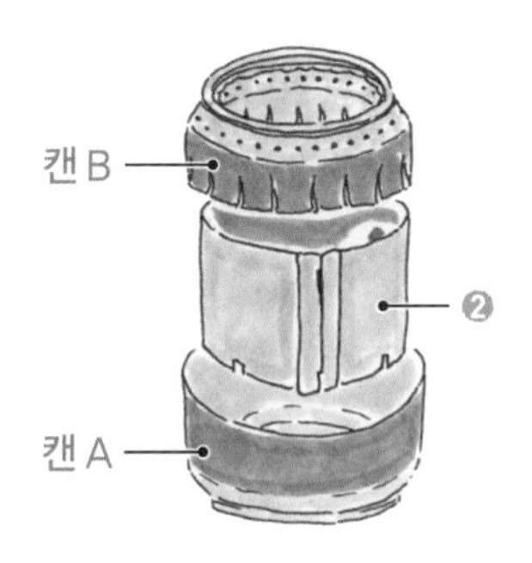

⑤ 끝을 오므린다

캔 B의 잘라 낸 쪽을 한 바퀴 돌리며 펜치로 오므린다. 캔 A에 딱 맞을 정도면 된다.

⑥ 조립한다

캔 A 중앙에 ❷의 양 끝을 끼워 원통형으로 만든 후 세운다(5mm 크기의 칼집을 아래로). 그 위에 캔 B를 끼워 틈이 생기지 않게 잘 맞춘다.

사용법

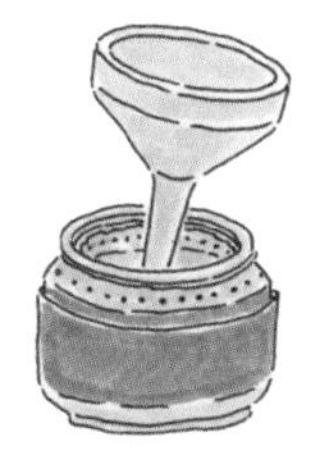

① 연료를 주입한다

완성된 알코올 스토브 중앙에 알코올 연료를 주입한다. 30mL쯤 넣는다.

② 중앙에 착화

중앙에 가스 매치 등을 이용해 착화한다. 중심이 뜨거워지면 32개의 구멍에서 불이 나온다.

주의사항 | 도중에 연료를 더 넣지 않는다. / 주위에 타기 쉬운 물건을 두지 않는다. / 커다란 냄비 등을 올리지 않는다.

키친 테이블을 만들어 보자

#DIY #주방 #테이블 #공간

재료

- 우마용 브라켓 4개(2세트)
- 2×4 각재 6개(다리 4, 들보 2)
- 널빤지 1장
- 목재피스 48개

2×4 각재는 두께와 폭의 규격이 38×89mm로 정해진 목재로, 길이는 보통 3600mm로 판매된다. 널빤지는 1장도 괜찮고 여러 장을 가로로 연결하는 방법도 있다.

우마용 브라켓

다리를 만드는 철물. 2개 세트로 2×4 각재용이 있다. 목재피스는 직경 3.1mm에 길이 41mm가 잘 맞는다. 조금 가늘고 짧아도 크게 지장은 없다.

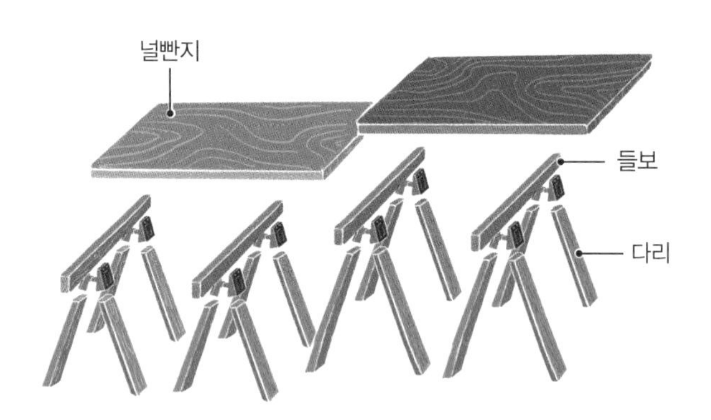

1 계획을 세운다

가진 캠핑 장비에 맞춰 크기나 높이 등을 구상한다. 집 주방을 기준으로 삼고 그보다 조금 높이 만들면 좋다. 들보 길이는 널빤지 폭보다 조금 짧아야 쓰기 편하다. 재료를 살 때 원하는 길이로 잘라 주는 곳에서 구매하면 편하다.

직접 만든 키친 테이블로 이상적인 조리 공간을 만들자

익숙하지 않은 공간인 캠핑장에서는 평소대로 솜씨 좋게 요리하기 어려워요. 최소한 잘 맞는 키친 테이블이 있다면…. 그러니 키친 테이블을 만들어 봅시다. 쓰는 사람의 키와 가진 장비에 맞춰 이상적인 형태로요. 캠핑장에서는 신발을 신으니, 집 주방보다 살짝 높게 만들면 좋습니다.

❷ 다리를 연결한다

다리가 될 2×4 각재를 원하는 길이로 잘라 우마용 브라켓을 끼우고, 목재피스로 고정한다. 브라켓을 끼울 때 뻑뻑하면 고무망치로 두드려 넣는다. 목재피스 고정은 전동 드라이버가 있으면 간단히 할 수 있다.

❸ 들보를 단다

들보(가로로 놓는 기둥)를 우마용 브라켓 사이에 끼우고 목재피스로 고정한다.

다리 아래는 자르지 않아도 문제없다.

❹ 널빤지를 얹는다

다리를 세우고 들보 위에 널빤지를 얹으면 완성.

우마용 브라켓으로 간편하게 만들자

우마용 브라켓을 쓰면 누구나 간단히 테이블 다리를 만들 수 있어요. 주방 계획을 세웠다면, 2×4 각재를 잘라 우마용 브라켓을 끼우고, 목재피스로 고정합니다. 들보를 달아 가로 방향으로 고정해 두면, 캠핑하러 가서 널빤지를 얹기만 하면 돼요.

우마용 브라켓과 들보를 목재피스로 고정할 때 한쪽 면만 해 두면 접을 수 있어요. 들보인 2×4 각재 윗면에 고무 시트를 부착하면 널빤지를 안정적으로 올릴 수 있습니다. 지면에 닿는 다리 아랫부분은 지면과 평평하게 되도록 잘라도 좋지만, 그대로 둬도 지면에 박혀 안정적으로 사용할 수 있어요.

직접 깎아 우드 랜턴걸이를 만들자

#DIY #부시크래프트 #랜턴 #나이프

캠핑장 주변에 널린 나무로 쉽게 만들 수 있다

폴대에 랜턴을 달 수 있는 랜턴걸이는 있으면 편리한 장비예요. 랜턴은 물론이고 작은 소품도 걸 수 있죠.

다양한 형태의 랜턴걸이 제품들이 있지만, 부시크래프트 나이프로 직접 깎아서 우드 랜턴걸이를 만들어 보세요. 장작더미에서, 혹은 주변 숲을 산책하며 적당한 나무를 찾기만 하면 돼요. 어디서도 팔지 않는 나만의 개성 있는 랜턴걸이가 있다면 정말 좋겠죠!

랜턴걸이 만드는 법

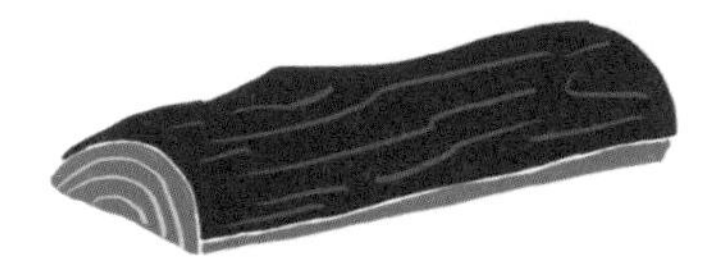

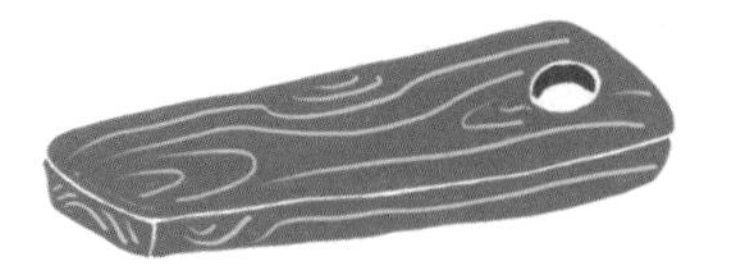

❶ 나무를 준비한다

주운 나무나 적당한 장작을 준비한다. 대략 두께 2~3cm, 길이 30~40cm, 폭은 쓰는 랜턴의 핸들보다 좁게 잡는다.

❷ 구멍을 뚫는다

가지고 있는 폴대 지름에 맞춰 나이프로 구멍을 뚫는다. 날이 상하지 않게 조금씩 원뿔형으로 깎는다. 전체 모양도 취향에 맞게 깎아 다듬는다.

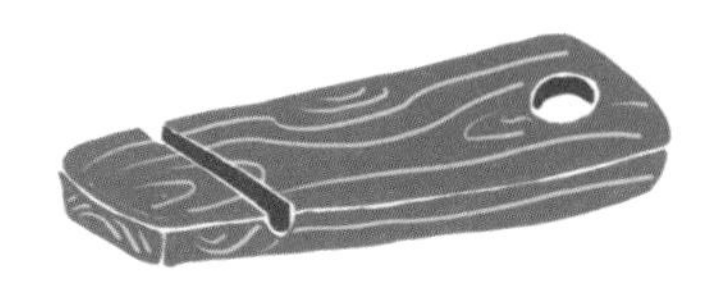

❸ 홈을 판다

랜턴 핸들을 걸 홈을 낸다. 바토닝 기술을 써도 좋다(나이프를 나무 방망이 등으로 두드려 파고들게 하는 기술→172쪽).

❹ 장착한다

구멍을 폴대에 끼우고 랜턴을 건다. 헐겁다면 나뭇조각으로 쐐기를 만들어 폴대와 랜턴걸이 틈에 끼운다.

구멍 뚫기는 난이도 높은 기술

모든 작업 중 가장 어려운 과정은 드릴 없이 나뭇조각에 구멍을 뚫는 것이죠. 폴대 지름을 잰 후, 나이프로 조심조심 깎아요. 옹이가 좋은 위치에 있다면 활용해도 좋습니다. 폴대에 끼워 보고 헐겁다면, 나뭇조각으로 쐐기를 만들어서 틈에 끼우면 됩니다. 쐐기는 끈으로 고리를 만들어 달아 두면 잃어버리지 않아요.

랜턴걸이를 어떤 모양으로 깎을지는 취향에 달렸어요. 주운 나무나 장작 형태를 살려서 투박하게 만들어도 멋이 있습니다. 캠핑할 때마다 모닥불을 바라보며 조금씩 깎아 아름답게 완성하는 과정도 즐겁습니다.

팩이 부족하면 나뭇가지로 만들자

#DIY #부시크래프트 #팩 #나이프

팩 만드는 법

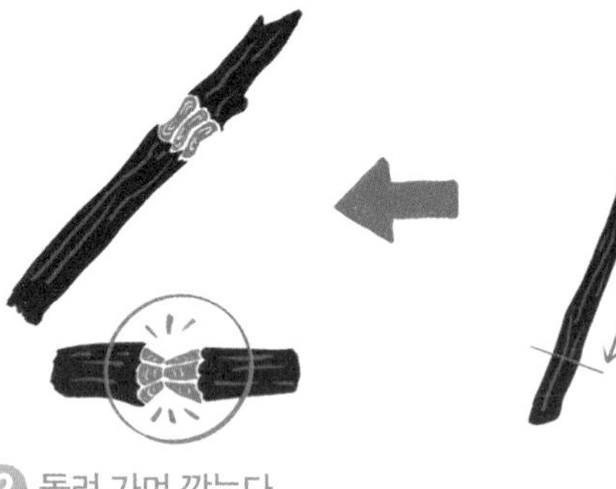

❶ 나뭇가지를 줍는다

산이나 숲을 산책하며 팩으로 쓸 만한 나뭇가지를 찾는다. 텐트용이라면 15~20cm, 타프용이라면 30cm 정도가 좋다. 굵기는 엄지 정도(2cm 정도)면 좋다. 나뭇가지의 반듯한 부위를 골라 잘라서 쓴다.

❷ 돌려 가며 깎는다

자르고 싶은 부위를 'V 노치' 방법으로 돌려 가며 깎고, 부러뜨린다.

❸ 평평하게 다듬는다

부러뜨린 면의 한쪽을 평평하게 다듬는다. 상체를 살짝 틀어 칼날이 반드시 몸 바깥쪽을 향하게 하고 깎는다. 허벅지 사이에서 작업하지 말 것.

나무 팩 만들기로 부시크래프트 입문

부시크래프트란 최소한의 장비로 캠핑을 즐기는 걸 말해요. 산이나 숲에서 주운 나무를 나이프로 가공하며 즐겨 보세요. 입문하기 제일 좋은 장비는 텐트나 타프의 로프를 묶어 두는 팩이에요. 텐트를 펼쳤는데 준비해 온 금속 팩이 부족하면 산에서 나뭇가지를 주워 직접 팩을 만들면 문제 해결! 여러모로 활용할 수 있는 나이프 기술을 연습하기에도 좋으니 캠핑 중 쉬는 시간에 꾸준히 만들어 보면 어떨까요?

다양한 나이프 기술이 요구되는 나무 팩 만들기

나무 팩 만들기에는 다양한 나이프 기술이 요구됩니다. 안전에 주의하며 하세요.

잘리는 면이 V자 모양이 되도록 비스듬하게 눌러 깎는 'V 노치'를 쭉 반복하며 V자 홈을 만들면, 나뭇가지를 깔끔하게 부러뜨릴 수 있어요. 부러뜨린 후에 그 부분을 평평하게 만들면 망치로 두드리기 편해집니다. 또 나이프를 방망이로 두드려 나무에 꽂히게 하는 '바토닝' 기술을 쓰면 멋지게 깊은 칼집을 낼 수 있어요.

끝을 뾰족하게 잘 깎는 요령은 연필을 깎을 때와 같은데, 울퉁불퉁한 나뭇가지를 말끔히 깎으려면 연습이 필요해요. 여러 개를 깎으며 부시크래프트 기술을 연습해 봐요.

주운 나무로 삼각대를 만들자

#DIY #부시크래프트 #삼각대

숲에서 나뭇가지를 모아 삼각대를 만들자

모닥불 위에 더치 오븐을 직접 두면, 화력이 너무 강해 불 조절이 어려워요. 그럴 때는 숲이나 하천에서 적당한 나무를 3개 주워 삼각대를 만들어요.

나무는 최대한 곧고 2~3cm 굵기인 게 좋아요. 화로대의 높이에 따라 다르겠지만 보통 1.5m 정도 긴 것이 필요해요. 금이 갔거나 썩은 부분이 있는 나무는 피해요. 무게를 살짝 실어 봤을 때 탄력이 느껴지는 것이 좋습니다.

삼각대 만드는 법

① 가지 끝을 자른다

주워 온 나무 끝이 나뉘었다면 잘라내고, 3개의 길이를 균일하게 맞춘다.

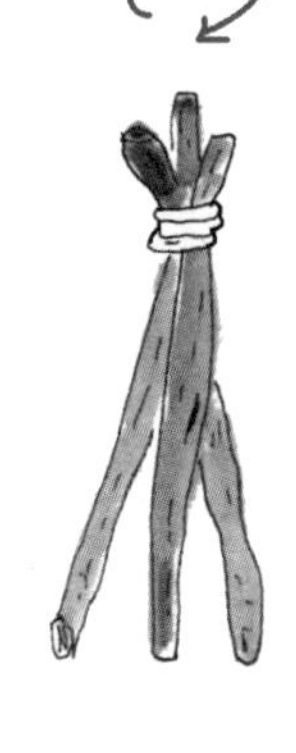

② 한쪽을 묶는다

위에서 15~20cm 지점을 로프로 둘둘 말아 묶는다. 조금 벌려 세로 방향으로도 풀리지 않게 단단히 묶는다.

③ 세 방향으로 벌린다

로프로 묶었다면 세 방향으로 벌려 모닥불(을 피울 예정지) 위에 놓는다.

냄비걸이도 만들자

모양 좋은 나뭇가지가 있다면 냄비걸이도 만들자. 침엽수보다 활엽수가 가지의 형태가 다양해서 괜찮은 것을 찾을 수 있다.

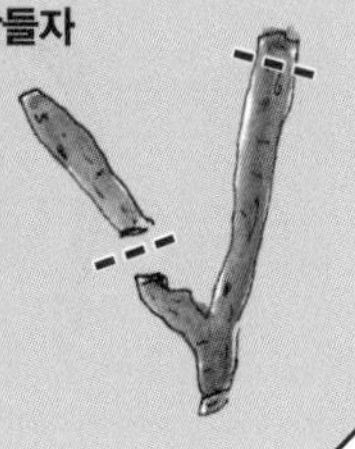

준비했다면 만드는 것은 간단

나무의 불필요한 부분을 잘라 쓰기 편한 형태로 다듬어요. 3개를 모아 위쪽 20cm쯤 지점을 로프로 묶어요. 5~6번 정도 감고 나무 사이를 살짝 벌려 교차하게끔 고정한 후에 세로로도 묶습니다. 다리가 균형 있게 벌어지면 됩니다. 다리를 지면에 꽂거나 살짝 파묻어 고정시킵니다. 더치 오븐의 무게 때문에 무너지지 않는지 충분히 확인한 후에 써야 해요.

더치 오븐은 로프로 묶어 달아도 좋은데, 모양 좋은 나뭇가지가 있다면 나뉜 부위를 이용해 냄비걸이를 만들어요. 그림과 같은 위치를 커팅하고 아래쪽에 홈을 만들면 더치 오븐 손잡이를 걸 수 있습니다.

파라코드로 장비를 업그레이드하자

#DIY #파라코드 #커스터마이즈

파라슈트 코드를 줄여서 파라코드

2차 세계대전 때, 낙하산 줄(파라슈트 코드)로 쓰려고 개발한 튼튼하고 가벼운 로프가 '파라코드'예요. 지금은 등산용이나 캠핑용으로도 많이 사용됩니다. 색이 다양해 꼬아서 팔찌로 만들어 차고 다니다가 비상시에 풀어 로프로 쓰는 등 멋과 실용을 겸비한 활용도 높은 장비입니다. 장신구로 많이 쓰는 것은 굵기 4mm로 약 250kg 무게까지 견딜 수 있어요.

각종 캠핑 장비에 파라코드가 활약하나니

파라코드는 색이 다양해서 장식이나 표식으로 쓰기 좋아요. 팩에 고리로 묶어 두면 지면이나 풀숲에서 찾기 쉽고, 팩을 뽑을 때 손잡이 역할을 해서 편하죠. 나일론 제품이어서 절단면을 라이터로 태우면 녹아서 굳어요. 시에라컵이나 나이프 손잡이에 감아 사용성을 높일 수 있어요. 감아 둔 파라코드는 언제든 풀어 로프로 활용할 수 있습니다.

색이 다양하고 튼튼하고 가벼운 장점을 이용해 텐트나 타프의 스트링 대신 써도 좋습니다. 색이 마음에 드는 파라코드로 캠핑 장비를 꾸미면 애착도 생기겠죠.

Level 3 나이프

나이프 자루에 둘둘 말아 미끄러지지 않게 한다. 복잡하게 꼬아 개성을 표출해도 좋다.

Level 4 스트링

텐트에 딸린 스트링을 파라코드로 바꿔 쓴다. 일반적인 돔 텐트라면 2m짜리 4개, 3m짜리 2개(총 14m~) 정도면 충분하다. 각각 스토퍼를 끼우면 그대로 교체해서 쓸 수 있다.

나만의 로고로 장비를 장식하자

#DIY #커스터마이즈 #감성캠핑

나무 부품에 불도장 찍기

① 불도장 만들기

인터넷에서 '불도장 제작'으로 검색하면 쉽게 주문 제작할 수 있다.

② 달구기

가스버너나 모닥불로 불도장을 달군다.

③ 낙인 찍기

나무 장비에 꾹 눌러 태워서 로고를 찍는다. 플라스틱 장비는 안 된다.

로고는 실용적이다!

성수기 캠핑장에서는 내 사이트를 찾는 것도 고생인데 주변에 비슷한 텐트가 있다면 더 헷갈려요. 그럴 때 개성 있는 로고를 새겨 두면 쉽게 찾을 수 있어 화장실이나 수돗가에 다녀올 때 헤매지 않지요. 또 인기 있는 장비는 다른 캠퍼들도 갖고 있을 가능성이 높아요. 나만의 로고를 새겨 두면, 물건이 바뀌는 사고를 방지할 수 있고 무엇보다 애착이 더 생겨요. 꾸미는 작업 자체도 재미있는 활동 중 하나입니다.

알루미늄에 로고 넣기

1 스티커 붙이기
문자만 따로따로 잘라 낸 커팅 시트 스티커를 붙인다.

2 닦기
알루미늄 표면을 '피칼(광택제)'로 반짝반짝 닦는다.

3 스티커 떼기
스티커를 떼고 닦는다. 마르면 완성. 스티커를 붙인 부분과 안 붙이고 닦은 부분의 차이로 로고가 생긴다.

천에 로고 넣기

1 틀 만들기
종이를 자르거나 커팅 시트의 문자 없는 부분을 써서 로고 틀을 준비한다. (목공용 접착제)

2 물감
좋아하는 색의 아크릴 물감과 목공용 접착제를 섞는다. 비율은 1:1 정도가 좋다.

3 바르기
천에 틀을 얹고, 접착제를 섞은 물감을 스펀지로 누르듯이 바른다. 마르기 전에 틀을 뗀다.

4 다리미질
마르면 유산지를 얹고 중간 온도(140~160℃)로 다리미질한다.

다양한 물건에 나만의 로고를 넣자

금속은 열의 영향을 받지 않는 것이라면 페인트 같은 일반적인 도료로 충분한데, 조리 도구나 사각 반합처럼 뜨거워지는 것은 광택제를 이용하면 됩니다.

접이식 의자의 천처럼 자주 세탁하지 않는 것이라면 아크릴 물감과 목공용 접착제를 섞어 칠할 수 있어요. 의류처럼 세탁을 계속해야 하는 천에는 천 전용 잉크를 써서 칠하면 좋겠죠.

최소한의 장비로 뺄 건 빼는 캠핑을 즐기자

#하나로두가지 #미니멀캠핑 #수납 #혼캠핑

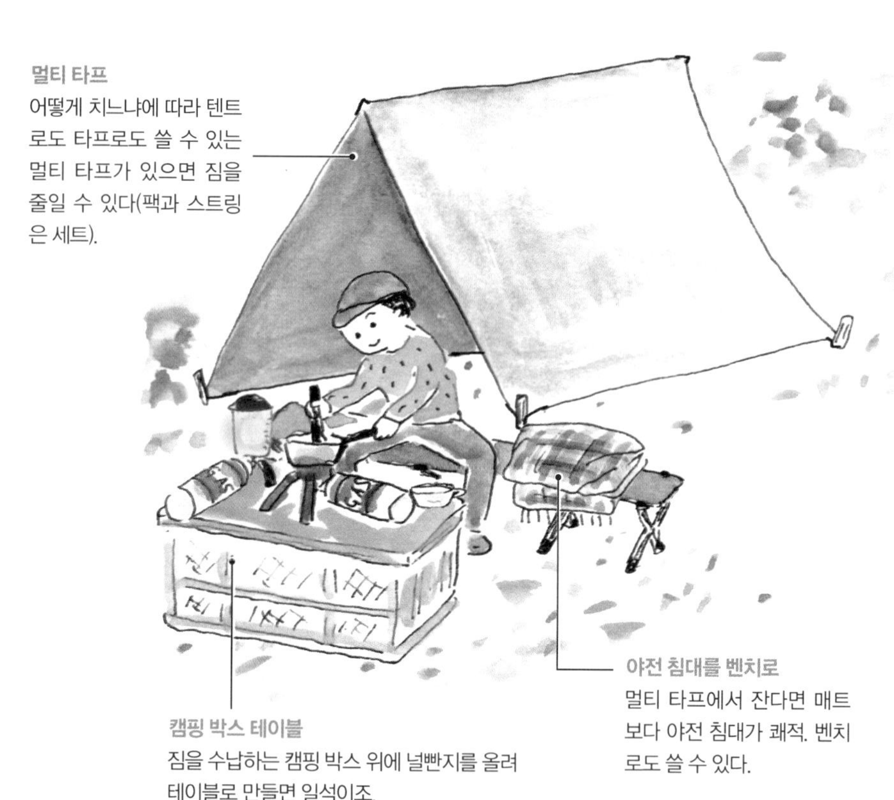

줄이고 줄인 꼭 필요한 7가지 도구

캠핑에 빠질수록 짐이 많아져서 오히려 떠나기가 겁이 나요. 그럴 때 최대한 짐을 줄여 가뿐한 캠핑에 도전하면 새로운 즐거움을 발견할지도 모릅니다.

예를 들어 1 멀티 타프, 2 야전 침대, 3 랜턴, 4 버너, 5 조리 도구, 6 멀티툴, 7 망치. 이렇게 7가지 도구를 캠핑 박스에 담아 뺄 건 뺀 캠핑을 즐기면 어떨까요? 부족한 것은 부시크래프트로 해결하면 됩니다.

장비를 줄이는 3가지 아이디어

장비를 줄이는 핵심은 통일하고 겸용하는 것입니다. 랜턴과 버너는 같은 연료를 쓰는 것으로 통일하면 짐이 한결 줄어요. 멀티툴 같은 만능 장비는 뺄 건 빼는 캠핑에 유용하죠. 멀티툴 하나로 어떤 장비들을 대체할 수 있는지 도전해도 즐겁겠죠. 망치는 의외로 대용품을 찾기 어려운데, 팩을 뽑거나 삽으로 쓸 수 있는 것으로 고르면 텐트를 칠 때 힘이 들어가는 작업을 도맡아 줍니다.

날이 화창한 아침, 캠핑 박스 하나만 들고 차에 올라타 '편리하지 않은 캠핑'을 즐기면 왠지 캠핑 고수가 된 기분도 들고 새로운 발견이 있을 거예요.

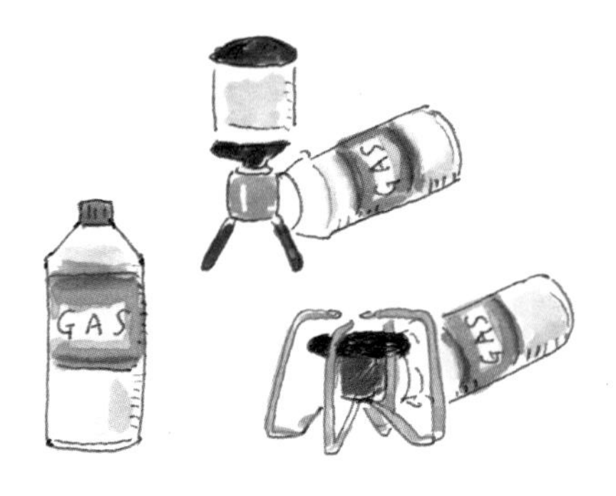

연료를 통일

랜턴과 버너는 같은 유형의 연료를 쓴다. 부탄가스가 가장 흔한 연료.

멀티툴을 활용

온갖 도구 종류가 집약되어 있다. 포크가 달린 것도 있다.

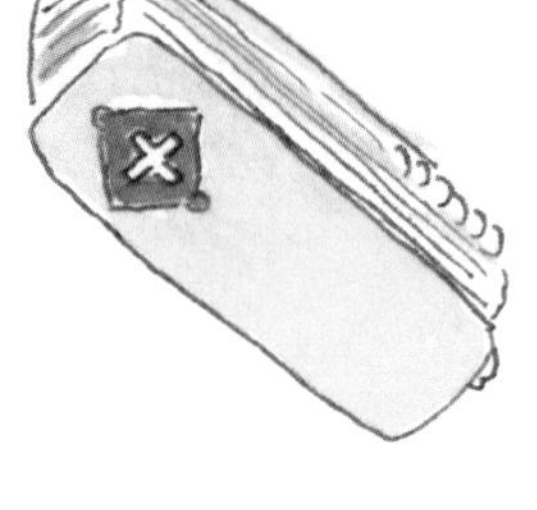

하나로 세 가지 역할

팩 뽑기나 삽 기능이 추가된 망치도 있다. 이것 하나면 멀티 타프 설치와 철수는 내 마음대로.

애용하는 장비를 잘 관리하자

#관리하기 #텐트 #침낭 #더치오븐 #아이스박스

텐트
베란다의 빨랫줄도 좋으니 널어서 말린다. 세탁은 중성 세제를 사용해 발로 밟으면서.

장비를 오래 쓰려면 돌아오자마자 관리하기

캠핑을 마치고 오면 너무 지쳐서 아무것도 하기 싫은 게 당연하죠. 그러나 조금 기운을 내 캠핑 장비를 관리해 두면, 깨끗하게 오랫동안 사용할 수 있습니다.

텐트는 먼저 응달에 말려 습기를 날립니다. 너무 지저분하면 욕실에서 발로 밟아 빤 후에 널어요. 널 공간이 부족하다면 차 위에 덮어씌워 말리는 방법도 있습니다.

잊지 않고 재깍재깍하면 다음 캠핑이 편해진다

침낭을 쓰고 그냥 방치하면 냄새가 날 수 있어요. 빨지 않더라도 바람이 잘 통하는 곳에 널어 안까지 밴 습기를 건조해요.

관리가 중요한 캠핑 장비의 대명사라면 역시 더치 오븐. 제대로 관리하지 않으면 순식간에 녹이 슬어 버려요. 캠핑장에서는 제대로 관리하기 어려우니 돌아오면 최대한 빨리 처리해야 합니다.

아이스박스도 잡균이 번식하기 쉬운 장비예요. 집에 오면 내용물을 전부 꺼내 한참 열어 둡니다. 다음에 열었을 때 악취가 풍기면 싫으니까요.

침낭

빨았을 때도 빨지 않았을 때도 바람이 잘 통하는 곳에 한동안 널어 습기를 제거한다.

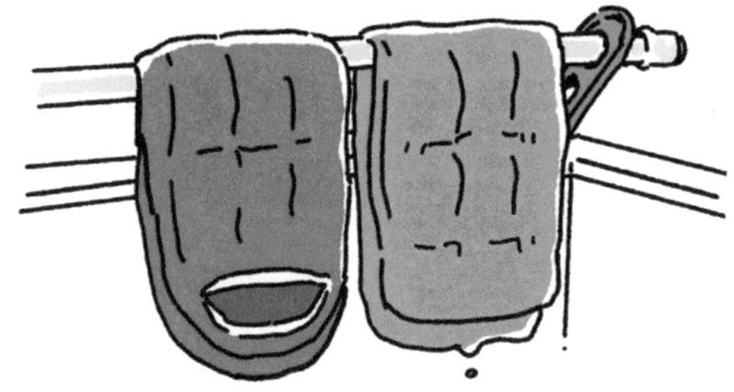

더치 오븐

1. 주전자 등 다른 도구로 끓인 뜨거운 물을 담는다.
2. 나무 주걱으로 지저분한 것을 떼어 낸다.
3. 수분이 완전히 날아갈 때까지 끓인다.
4. 식물성 기름을 바른다.
5. 기름이 날아갈 때까지 데운다.
6. 연기가 가라앉으면 불을 끄고 식힌다.

아이스박스

중성 세제를 사용해 흐르는 물로 세척한다. 바람이 잘 통하는 곳에 두고 완전히 건조한다.

PART 4

technique

자신만만 자랑하는 캠핑 기술

캠핑이 불편하거나 귀찮다고 느껴진다면,

간단하면서도 효율적인 캠핑 기술을 익혀 보세요.

빠르고 쉽게 할 수 있는 일이 늘면

캠핑이 더욱 즐거워지겠죠?

캠핑 기술은 반복할수록 정교해지고

손에 빨리 익어요.

あ11-11

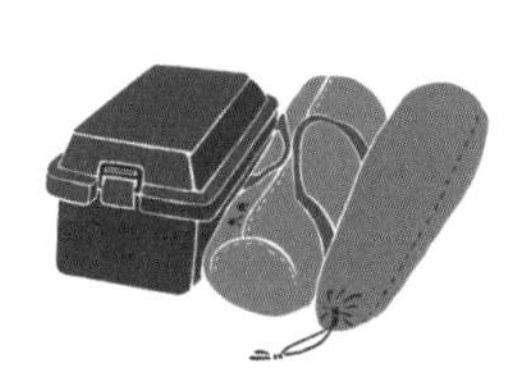

캠핑의 첫 단계, 짐 싣기 고수가 되자

#준비 #적재 #차 #수납

일단 전체를 보는 것이 잘 싣는 비결

집 여기저기에 보관해 둔 캠핑 장비를 마구잡이로 꺼내 실으려고 하지 않나요?

짐 싣기의 기본은 '먼저 쓸 것을 바깥으로, 무거운 것을 아래로'입니다. 그러려면 어디든 좋으니 먼저 짐을 쭉 늘어놓고 전체를 파악해야 하죠. 거실이나 현관 앞에 그라운드시트를 깔고 캠핑 장비를 정리한 후, 순서대로 실으면 짐 싣기가 쉬워져요. 그라운드시트는 캠핑장에 도착해서 제일 먼저 쓰니까 짐을 다 실은 후, 나중에 넣으면 됩니다.

조금 머리를 굴려 차 트렁크를 효율적으로

테이블이나 텐트 같은 큰 캠핑 장비는 싣기 쉽지만, 랜턴이나 조리 도구 같은 자잘한 장비는 목적에 따라 캠핑 박스에 넣어 두면 편해요. 특히 폴딩 박스는 캠핑장에 도착해서 장비를 꺼낸 후, 접어서 보관하면 되니 공간 활용에 좋습니다.

한정된 트렁크 공간을 효율적으로 사용하려면 틈을 잘 채우고, '세로'를 의식하며 싣는 것이 중요해요. 테이블을 완전히 접지 않고 트렁크에 펼쳐 놓으면 상하 2단으로 쓸 수 있어 공간 효율이 높아지고 짐을 꺼내기도 편해지죠. 캠핑을 자주 다닌다면 트렁크 전용 선반을 갖추는 방법도 있습니다.

캠핑 박스를 활용
자그마한 캠핑 장비는 목적에 따라 캠핑 박스에 모아 둔다.

세로로 싣는다
의자나 테이블은 세로로 실으면 꺼내기 쉽다.

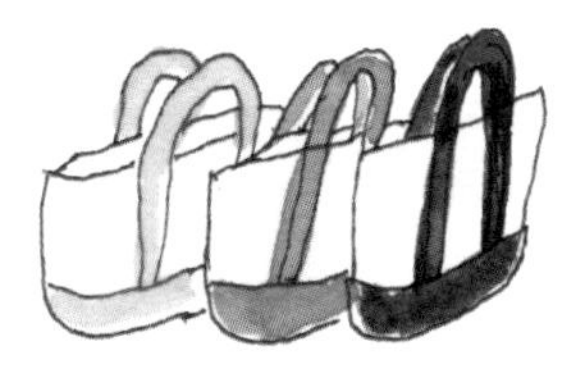

의류는 조금씩 나눠서
의류는 토트백에 나눠 넣으면 여기저기 틈에 끼울 수 있다. 완충재 역할을 한다.

트렁크를 2단으로
테이블을 접지 않고 트렁크에 놓으면 상하 2단으로 짐을 넣을 수 있다.

방향을 확인해 텐트를 멋지게 설치하자

#텐트 #바람 #텐트세팅

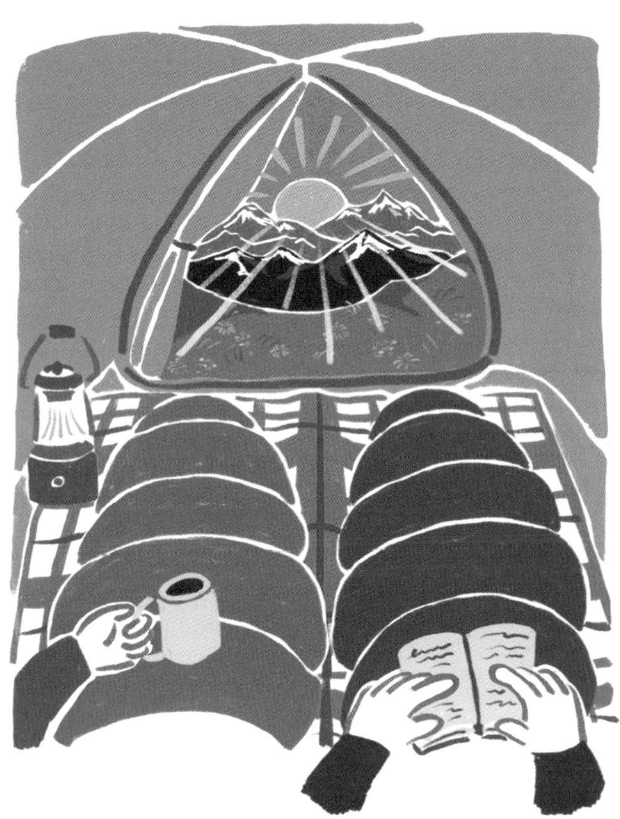

경치
아침에 일어나 텐트에서 산등성이 사이로 뜨는 해를 바라보면 하루를 행복하게 보낼 수 있다.

모처럼 캠핑하러 왔으니 멋진 경치를 마음껏 누리고 싶다

텐트 입구는 어느 쪽으로 두는 게 좋을까요? 가장 먼저 생각할 것은 경치입니다. 캠핑장에 도착하면 먼저 주변 풍경을 둘러보고 산이 보이는 쪽, 호수가 보이는 쪽, 나무가 빽빽한 숲이 보이는 쪽 등 취향에 따라 텐트 입구의 방향을 선택합니다.

가능하다면 입구를 동쪽으로 두세요. 다음 날 아침, 텐트에 누워 아름다운 일출을 바라보는 최고의 순간을 연출할 수 있을 거예요.

텐트 배치에 신경 써서 자연과 잘 어울린다

자연으로 들어가는 것이 캠핑이니 주위의 상황이나 날씨가 늘 좋을 순 없어요. 강풍이 부는 날도 있고, 기울어진 지형에 텐트를 쳐야 하는 날도 있겠죠.

강풍이 불 때, 텐트 안에 바람이 들어오면 몽땅 다 날아갈 수 있습니다. 바람 불어오는 반대쪽에 입구를 두세요. 또 텐트를 쳐야 할 사이트가 평평해 보여도 어딘가로 은근히 기울어져 있을 수 있죠. 텐트를 치기 전에 그라운드시트에 누워 어느 쪽이 낮은지 느껴 보고, 낮은 쪽으로 발이 가도록 텐트를 배치하는 게 좋습니다.

혼자서도 빠르고 멋지게 타프를 치자

#타프 #텐트세팅 #혼캠핑

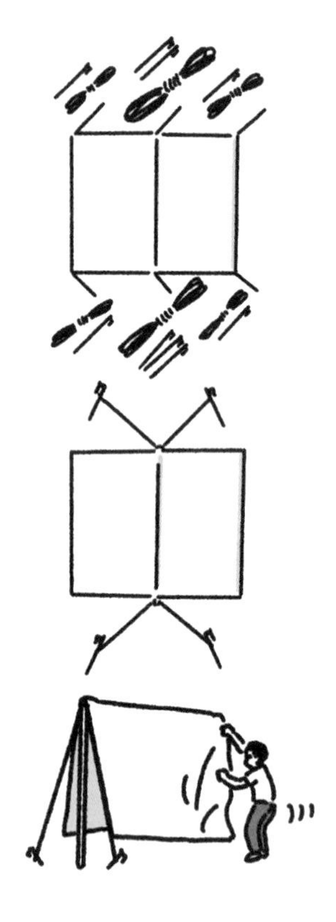

1 장비를 배치

타프를 깔고 긴 변 중앙 양쪽에 메인 폴대와 긴 스트링, 팩 2개를 각각 배치. 네 모서리마다 서브 폴대, 스트링, 팩을 둔다.

2 메인 폴대를 세팅

메인 폴대를 눕힌 채 타프 아일렛에 꽂고, 긴 스트링(양쪽 끝에 스토퍼 달린 것) 중앙에 고리를 만들어 건다. 45도 위치에 2개의 팩을 박고 스트링 양쪽 끝을 연결한다. 스트링은 아직 당기지 않는다.

3 메인 폴대 세우기 1단계

한쪽 메인 폴대를 일으키고, 스토퍼를 조절해 스트링을 가볍게 당긴다.

먼저 필요한 것을 배치한다

타프를 멋지게 치기란 참 어려워요. 그래도 괜찮습니다. 처음에 메인 폴대를 잘 세우기만 하면 혼자서도 충분히 칠 수 있으니까요. 도와줄 사람이 없는 혼캠핑을 할 때 곤란하지 않도록 순서를 머릿속에 입력합시다.

먼저 지면에 타프를 펼치고 해당 위치에 폴대, 스트링, 팩을 준비해 놓습니다. 필요한 것을 미리 배치하는 게 의외로 중요해요. 그래야 설치를 시작하고 나서 허둥거리지 않아요.

❹ 메인 폴대 세우기 2단계

타프를 당기면서 반대쪽 메인 폴대까지 가서, 반대쪽 메인 폴대도 마저 세운다. 스트링을 가볍게 당긴다.

❺ 스트링을 당긴다

모든 스트링을 팽팽히 당겨 양쪽 메인 폴대를 단단히 세운다.

팩 위치

서브 폴대의 스트링은 타프의 대각선상에 가도록, 서브 폴대의 끝에서부터 1~1.3m 떨어진 곳에 팩을 박는다.

❻ 네 모서리를 세운다

네 모서리의 타프 아일렛에 서브 폴대를 끼우고 스트링을 걸어 세운다. 팩을 박아 고정한다.

❼ 완성

주름 없이 펴졌는지 균형을 잘 살피며 스트링을 조절하면 완성!

팩과 스트링의 각도가 타프를 잘 치는 요령

타프가 튼튼하고 안정적으로 세워지려면 각도가 중요해요. 스트링과 폴대의 각도는 45도. 팩은 폴대의 길이만큼 떨어진 지점에 박으세요. 2개의 메인 폴대를 모두 세우면, 스트링이 팽팽하게 되도록 당기세요. 이때 스트링과 지면의 각도도 45도가 되면 타프가 더욱 안정적으로 세워져요.

이후 네 모서리의 서브 폴대를 세울 때는 대각선 순서로 하세요. 그래야 힘이 분산되어 타프를 세울 때 무너지지 않아요. 헥사 타프도 같은 요령으로 치면 돼요.

우울한 철수를 1시간 만에 끝내자

#철수 #적재 #차

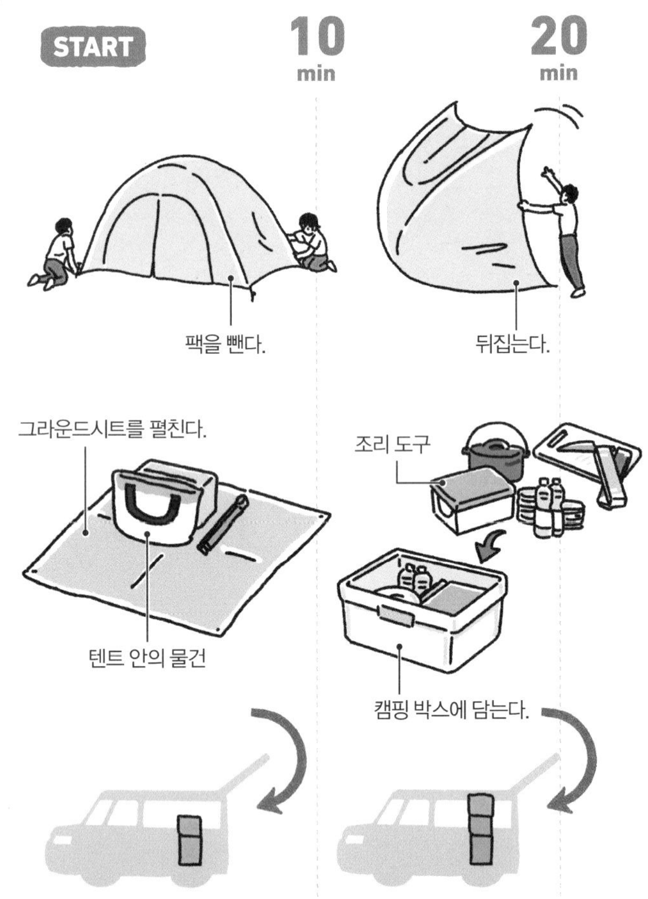

잠깐 짐을 놓는 그라운드시트가 효율성 UP 포인트

철수할 때면 매번 시간이 아슬아슬하나요? 늘어놓은 짐을 원래대로 싣는 건 생각보다 쉽지 않아요. 무턱대고 차에 싣지 말고, 먼저 그라운드시트 위에 짐을 올려놓고 캠핑 박스에 담으며 효율을 높여 봐요. 또 텐트 바닥이 지면의 습기로 축축할 수 있으니 안을 비우고 뒤집어 말려 두는 것도 중요합니다. 여럿이 갔다면 서로 분담해서 조금씩 미리 해 두면 편해요. 쓰지 않는 물건을 일찌감치 정리하는 게 철칙입니다.

출발했을 때의 상태로 짐을 싣는다

출발할 때는 먼저 쓸 것을 바깥에 싣는 규칙을 따랐죠. 돌아갈 때는 앞뒤를 생각할 필요 없지만, 그렇게 했다가는 다 안 들어가서 곤란한 일이 생길 수도 있어요. 출발했을 때의 상태를 사진으로 찍어 두고 참고하면 망설이지 않고 짐을 척척 실을 수 있습니다. 타프와 그라운드시트는 짐을 다 실은 후에 접어서 틈에 끼웁니다. 쓰레기는 정리하면서 또 나오기도 하니까 마지막에 정리합니다.

즐거운 모닥불을 더욱더 만끽하자

#모닥불 #식물

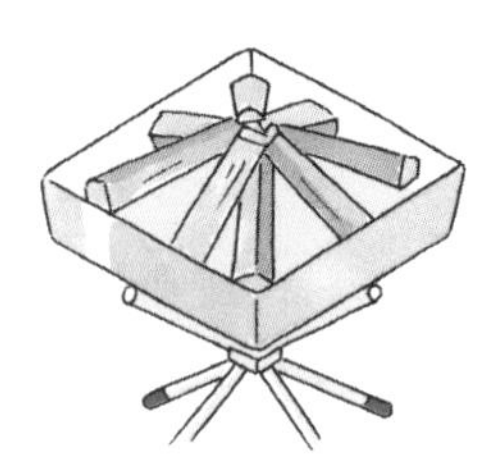

방사형 + 산형

가늘게 쪼갠 장작을 60도 간격의 방사형으로 놓는 방법. 모닥불이 오래 유지되서 시간이 좀 걸리는 요리나 불멍 타임에 좋다. 화력을 높이고 싶으면 중앙을 겹쳐 산처럼 쌓으면 된다.

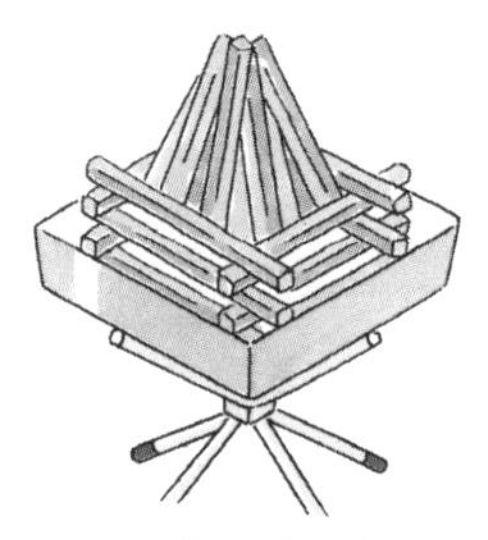

우물형 + 원뿔형

우물 정(井)자로 쌓은 장작 중앙에 원뿔형으로 장작을 더 쌓는 방법. 원뿔형으로만 쌓으면 무너질 수 있기 때문이다. 화력이 강해 보기 좋게 활활 탄다.

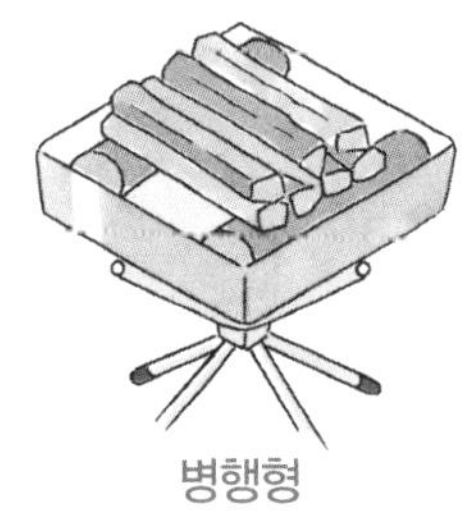

병행형

두 개의 굵은 장작 위에 다리를 놓는 것처럼 가는 장작을 놓는 방법. 더치 오븐 같은 조리 도구를 놓기 편해 요리할 때 좋다.

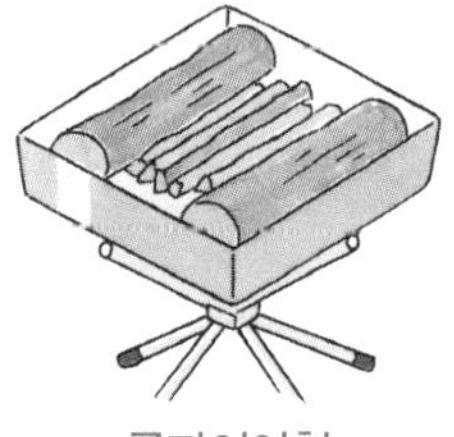

롱파이어형

굵은 장작(통나무) 사이에 가는 장작이나 나뭇가지를 넣는 방법. 불이 오래 가서 난방이 필요할 때 적합하다.

기본 형태를 다양하게 조합해 보자

화로대에 익숙해지면 모닥불을 더 깊이 탐구하며 즐겨 봐요. 똑같은 장작을 태워도 어떻게 쌓느냐에 따라 불의 성질이 달라집니다. 가장 기본은 장작을 방사형으로 놓는 것이에요. 거기다가 중심부를 겹치는 산형의 특징을 더하면 모닥불이 오래 유지되면서 화력도 높아집니다. 화력을 중시한다면 우물형으로, 모닥불을 오래 유지하고 싶다면 2개의 통나무를 나란히 놓는 롱파이어형도 있어요. 다양하게 시도해 보세요.

삼나무, 졸참나무, 상수리나무… 다양한 장작을 써 보자

캠핑장에서 파는 장작 대부분은 그곳에서 구하기 좋은 나무로 만들어서 선택의 여지가 없습니다. 하지만 미리 마련하면 다양한 나무의 장작을 써 볼 수 있습니다. 장작을 만드는 나무는 크게 침엽수와 활엽수로 나눌 수 있습니다. 일반적으로 침엽수가 단숨에 불이 붙고, 활엽수가 오래오래 타는 경향이 있죠. 나무의 특성을 공부해 취향에 맞는 장작 세트를 만들어 보세요.

침엽수

- **삼나무** : 불에 잘 타고 화력도 좋아서 불붙이는 데 이용하기 적합하다. 침엽수는 물관(물이나 양분이 지나는 길)이 가지런히 뻗어서 불이 잘 전달되기 때문이다.
- **잎갈나무** : 유분이 풍부해 잘 타고, 밀도가 조금 높은 만큼 불이 오래간다. 단, 연기가 많이 나 요리할 때는 적합하지 않다.
- **노송나무** : 침엽수 중에서는 불이 오래가는데, 불붙이기가 쉽지 않다. 불이 잘 붙는 삼나무와 조합해서 쓰자.

활엽수

- **졸참나무** : 가장 일반적인 장작. 구하기 쉽고 불이 오래가서 다루기 쉬운 기본 장작.
- **상수리나무** : 졸참나무 이상으로 화력이 좋고 불도 오래가는 고급 장작.
- **벚나무** : 훈제 칩으로도 쓰는 벚나무는 향이 좋다. 단, 화력이나 유지력은 떨어진다.
- **느티나무** : 딱딱한 활엽수로 불이 오래가지는 않지만 숯으로 만들면 오래간다.
- **떡갈나무** : 장작의 왕. 희소성 때문에 값은 비싸지만, 불이 오래가고 연기가 적다.

모닥불의 철칙 3

1
불이 있을 때는 자리를 비우지 않는다
모닥불을 피웠다면 캠프 사이트를 비우지 않는다. 날씨는 금방금방 변하니 갑자기 바람이 불어 장작이나 불씨가 날아갈 위험이 있다.

2
소화용 물을 준비한다
갑자기 화력이 너무 세져서 위험해질 수도 있다. 반드시 주변에 물이 담긴 양동이를 준비해서 만약의 사태에 대비하자.

3
제대로 불을 끈다
모닥불을 끌 때는 전용 화로대 덮개로 덮거나 불이 완전히 꺼질 때까지 지켜본다. 재는 지정된 장소에 버린다. 마무리를 제대로 할 것.

장작을 팰 줄 알면 즐겁다! 바토닝을 연습하자

#모닥불 #바토닝 #나이프 #부시크래프트

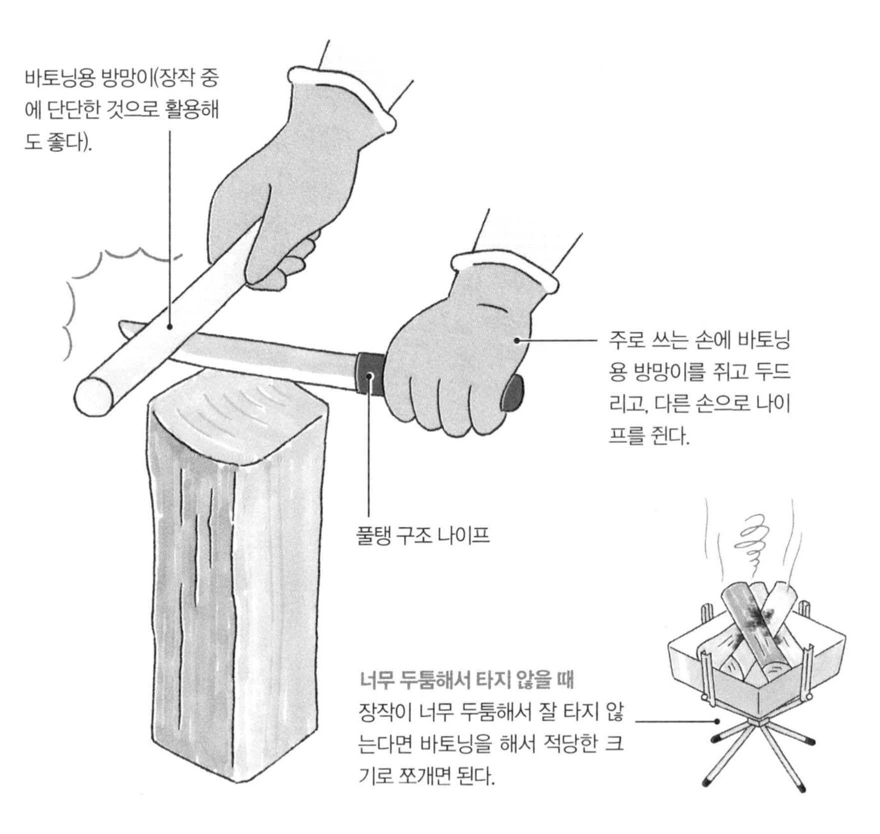

도끼가 없어도 장작을 쪼갤 수 있다

너무 두꺼운 장작은 불붙이기가 어려워요. 그래서 적당한 크기로 쪼개야 할 때가 있어요. 장작을 패려면 도끼가 꼭 필요하다고 생각할 수 있지만, 나이프만 있어도 장작을 팰 수 있답니다. 장작에 나이프를 대고 칼등을 방망이로 두드리면 나이프가 박히면서 장작이 쪼개집니다. 이 기술이 '바토닝'입니다. 단순히 모닥불을 피우는 수준을 넘어 장작도 팰 줄 알면 모닥불을 피우는 시간이 훨씬 즐겁겠죠.

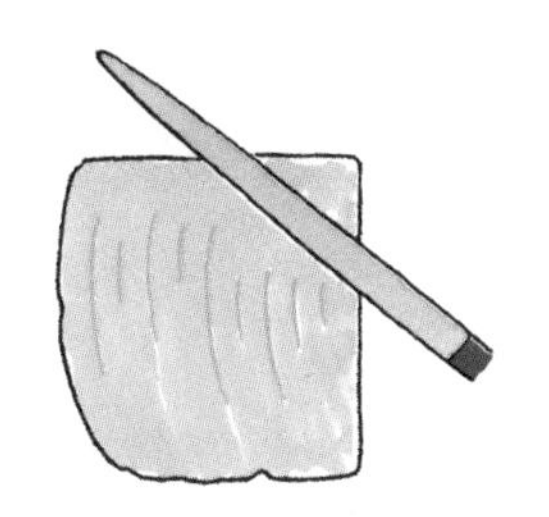

❶ 바토닝은 끝에서
장작 모서리에 칼날을 대고 바토닝한다. 두 손가락 굵기 정도가 좋다.

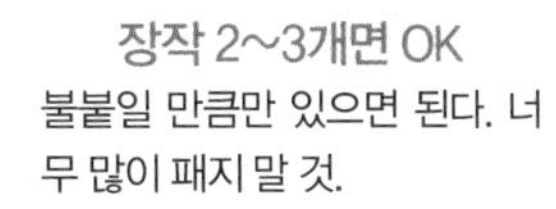

장작 2~3개면 OK
불붙일 만큼만 있으면 된다. 너무 많이 패지 말 것.

❷ 손으로 쪼갠다
끝까지 나이프를 써서 쪼개면 칼날이 상할 수 있다. 칼날이 적당히 들어가면 손으로 쪼갠다.

쓰기 좋은 장작을 자유자재로 만드는 기술

바토닝 요령은 쪼개기 쉽게 장작 모서리부터 칼날을 넣는 것입니다. 칼날을 잘 댔으면 곧바로 방망이로 내려칩니다. 콩콩 때려서 아래쪽까지 충분히 들어가면 나이프를 빼고 손으로 쪼개요. 굵은 장작 3개 정도를 가늘게 쪼개면 모닥불 피우기에 충분합니다. 너무 가늘면 불이 오래 가지 않으니 전부 다 쪼개지는 말아요.

또 장작에 옹이가 있으면 칼날이 상할 수 있으니 장작을 잘 살펴 옹이 없는 부분에 칼날을 넣습니다. 폴딩 나이프는 바토닝에 적합하지 않아요. 바토닝에는 손잡이 끝까지 슴베가 연결된 풀탱 나이프를 쓰는 게 좋습니다(➡ 178쪽).

서바이벌 기술로 불을 붙이자

#모닥불 #파이어스타터 #페더스틱 #부시크래프트 #불붙이기

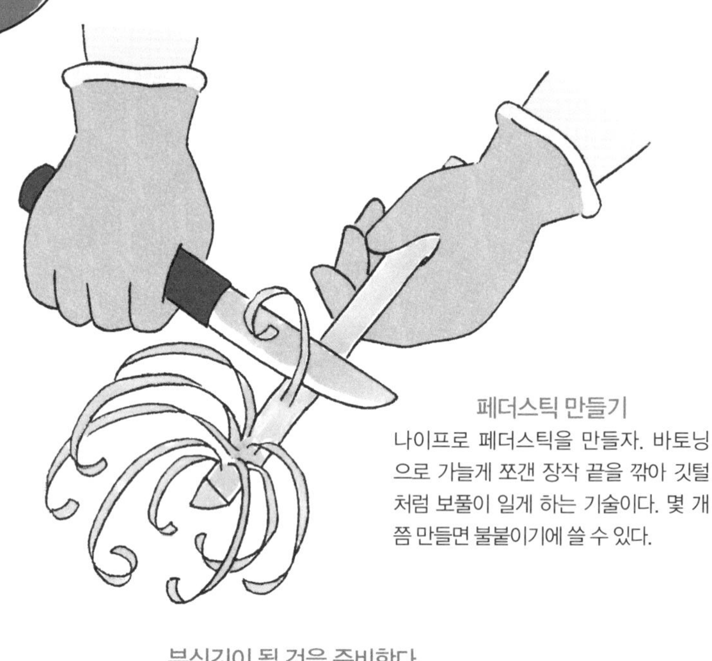

조금 어려운 불붙이기 방법에 도전해 보자

라이터와 착화제로 장작에 쉽게 불을 붙이는 것이 시시하게 느껴지나요? 그러면 소소한 서바이벌 기술에 도전해 보세요. 나무를 비벼 불을 지피는 건 너무 원시적이니 파이어스타터를 써서 불을 붙여요. 파이어스타터는 마그네슘 같은 금속 봉을 나이프에 마찰해 불꽃을 튀게 하는 장비예요. 부싯돌과 비슷한 원리죠.

불붙이는 방법

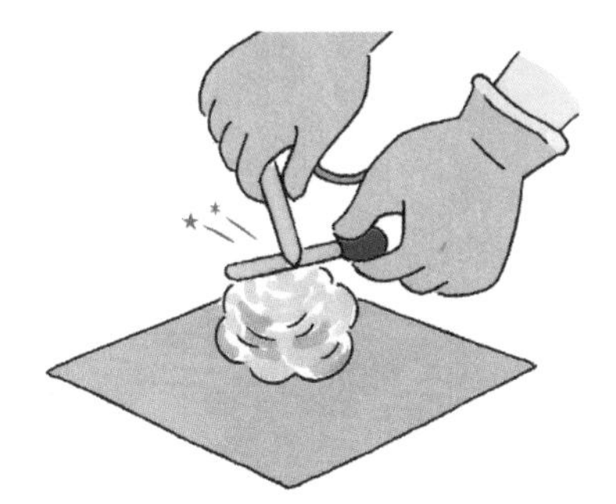

❶ 파이어스타터를 마찰한다

부싯깃에 대고 나이프로 파이어스타터를 비벼 불꽃을 튀게 한다.

❷ 산소를 공급한다

부싯깃에 불이 붙으면 대롱으로 산소를 공급해 불을 크게 피운다.

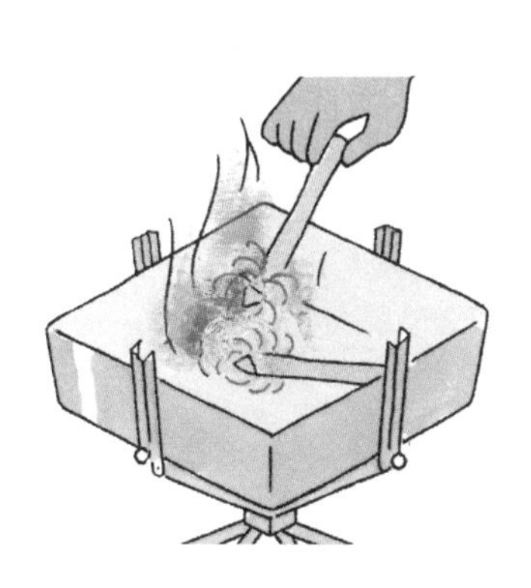

❸ 페더스틱에 불을 옮긴다

부싯깃의 불이 커지면 페더스틱에 옮겨 붙이고, 가는 장작부터 굵은 장작 순으로 태운다.

작은 불씨부터 만들어 점점 불을 키운다

파이어스타터의 불꽃을 직접 장작에 튀겨 불을 붙이는 게 아닙니다. 먼저 낙엽이나 솔방울, 자작나무 껍질, 풀어 낸 마 끈 등 잘 타는 물질로 만든 '부싯깃'에 불꽃을 튀게 해 작은 불씨를 만들죠.

대롱으로 불씨에 산소를 공급해 점점 화력을 높입니다. 불이 잘 커지면 페더스틱처럼 더 큰 것에 불을 옮기고, 그걸 다시 장작에 옮겨요. 페더스틱에 마 끈을 감아 두면 불붙이기가 더욱 쉬워집니다. 처음부터 잘되지 않겠지만 원시 시대부터 인류가 해 온 방법이니 인내심을 갖고 도전해 보세요.

밤은 물론이고 아침에도 모닥불을 즐기자

#모닥불 #아침시간 #릴랙스

모닥불에 둘러앉아
느긋하게 아침을.

뒷정리를 생각해
장작은 적게.

추운 아침을 따뜻한 모닥불의 온기로 훈훈하게

모닥불은 밤에 피우는 게 보통이지만 아침에 피워도 좋아요. 아침 안개가 낀 공기 맑은 캠핑장에서 타닥타닥 장작 타는 소리를 들으며 몸을 따뜻하게 하고 아침 식사를 준비하는 시간은 참 각별하죠. 핫 샌드위치 쿠커로 좋아하는 음식을 굽고, 물을 끓여 수프나 커피를 즐기면 하루의 활력이 샘솟습니다. 철수를 시작하면 캠핑 기분이 순식간에 사라지니 모닥불이 불타는 동안을 느긋하게 즐겨요.

완전히 불이 꺼질 때까지 생각보다 시간이 걸리니 장작은 적게 넣습니다. 일찍 시작하세요.

뜬숯 착화법

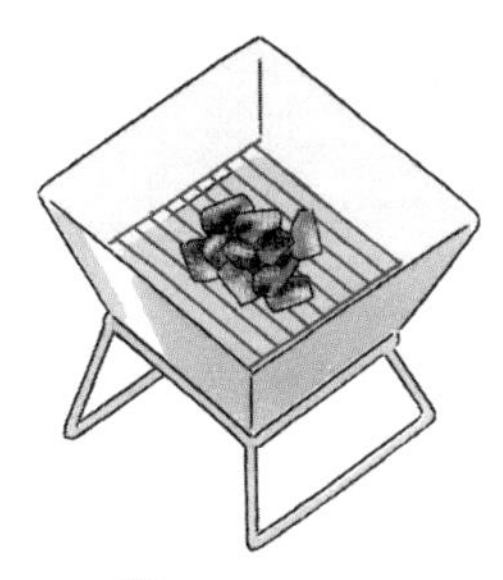

❶ 중앙에 모은다

재를 아래로 떨어뜨리며 뜬숯을 화로대 중앙에 모은다.

❷ 부싯깃을 얹는다

마 끈 푼 것이나 낙엽 등 잘 타는 것을 뜬숯에 얹는다.

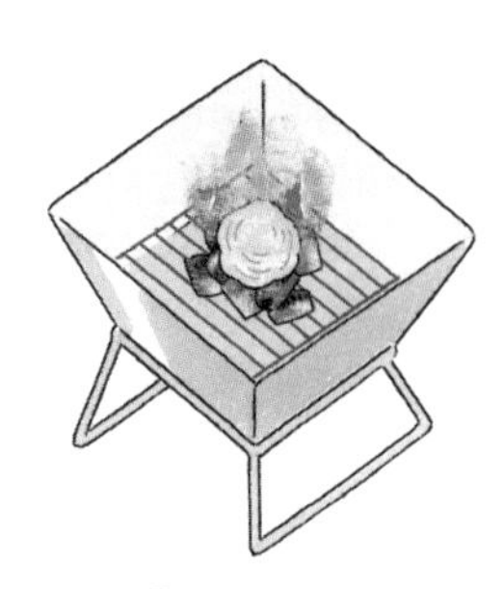

❸ 불씨를 만든다

착화제를 이용해 불을 붙인다. 산소를 충분히 공급한다.

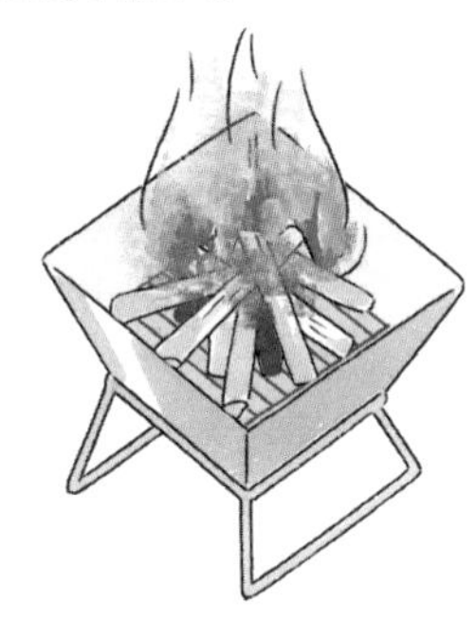

❹ 장작을 태운다

불씨가 자라면 페더스틱이나 장작 등을 태운다.

뜬숯에서 모닥불을 부활

전날, 자기 전에 화로대 덮개를 덮어 완전히 불을 껐어도 뜬숯은 습기가 날아가고 산소가 통과하는 구멍이 많아 불을 붙이기가 쉽습니다. 재를 떨어뜨리고 뜬숯을 중앙에 모아서 부싯깃을 얹어 라이터 등으로 불을 붙인 뒤, 대롱으로 산소를 공급하면 금세 불이 일어요.

상태에 따라 산소를 충분히 공급하지 않으면 불이 잘 붙기 어려운데, 보통 뜬숯은 파이어스타터로도 금방 불을 붙일 수 있습니다.

부시크래프트 나이프를 120% 활용하자

#부시크래프트 #나이프 #관리하기

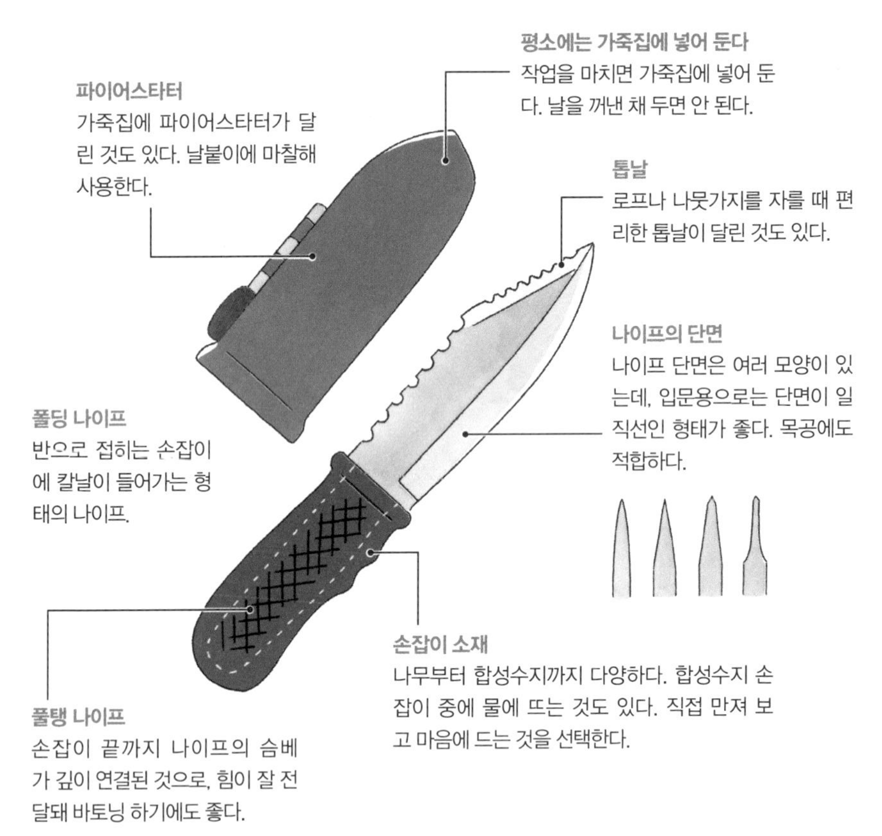

부시 크래프트 나이프 고르기

처음에 나이프를 하나 고른다면, 반으로 접히는 폴딩 나이프가 아니라 단단한 풀탱 나이프에 전용 가죽집이 있는 것이 좋아요.

풀탱 나이프란, 나이프의 손잡이 속에 들어박히는 슴베가 손잡이 끝까지 칼날과 하나로 연결된 것으로 단단해서 힘을 세게 줘도 안심할 수 있어요.

부시크래프트 나이프 사용법

부시크래프트 나이프는 칼날이 굵고 예리해서 주의해서 다뤄야 해요. 항상 몸 바깥쪽에서 사용하며 칼날이 밖으로 향하도록 움직이고, 세밀한 작업을 할 때는 엄지를 손잡이 등이나 칼등에 대고 나이프의 움직을 세밀하게 조절하세요.

나이프를 다루는 3가지 철칙이 있어요. ❶ 다리 사이에서 작업하지 말고 상체를 비틀어 다리 바깥에서 작업할 것. ❷ 주고받을 때는 나이프를 칼집에 넣어 내려놓으면, 그때 들고 가게 할 것. ❸ 손을 휘둘러서 닿는 범위에 사람이 없는지 확인할 것.

오래 쓰려면 올바른 관리법도 중요해요. 뜨거운 물과 중성 세제로 세척하고, 말린 후 기름을 발라 보관해요.

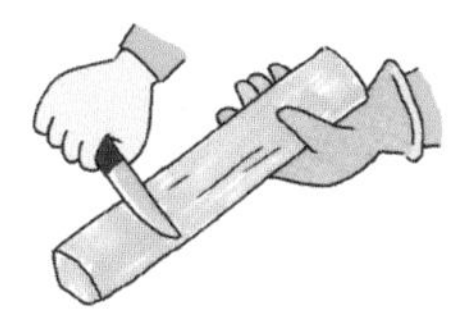

크게 깎을 때
나이프 진행 방향에 다른 사람이나 작업 중인 물건과 겹치지 않게 주의한다.

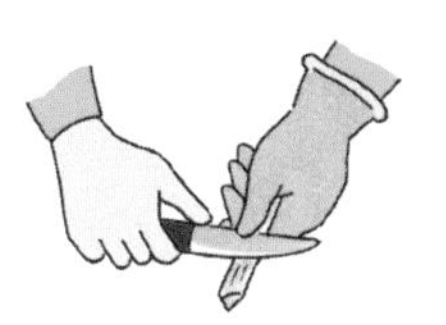

작게 깎을 때
엄지를 대고, 천천히 누르며 깎는다.

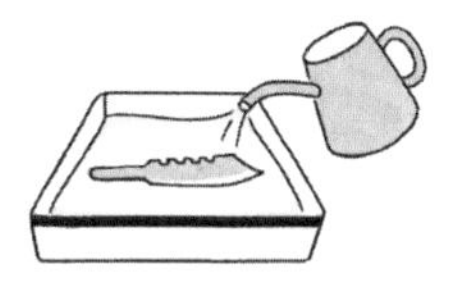

세척하기
60℃ 정도의 물에 중성 세제를 넣고 잘 세척한다.

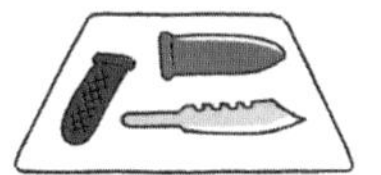

말리기
수건 위에 올려 물기를 잘 말린다.

기름 바르기
식용유를 키친타월에 묻인 후 칼날에 바른다.

몸 바깥쪽에서
다리 안쪽에는 중요한 혈관이 많이 지나므로, 만에 하나라도 다치지 않게 다리 바깥쪽에서 사용할 것.

주고받을 때는 내려놓고
가죽집에 넣어 내려놓으면 그때 다른 사람이 가져가도록 습관을 들이자.

손이 닿는 범위에 사람이 없도록
나이프를 쥐기 전에 손을 휘둘러서 주변에 사람이 없는지 확인한다.

3대 매듭법을 익히자

#매듭 #텐트 #타프

보라인 매듭

로프의 한쪽 끝에 고정된 고리를 만드는 매듭법. 단단히 묶을 수 있고 풀기 쉽다.

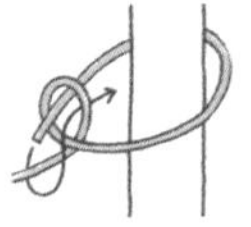

❶ 고리를 만들어 로프 끝을 통과시킨다.

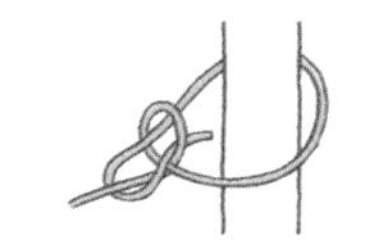

❷ ❶의 화살표처럼 로프 끝을 다시 고리에 통과시킨다.

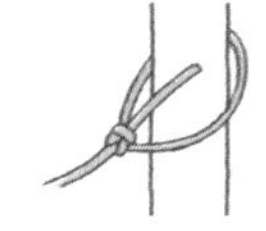

❸ 로프 양쪽 끝을 당기면 완성.

피셔맨 노트

로프와 로프를 연결하는 매듭법.

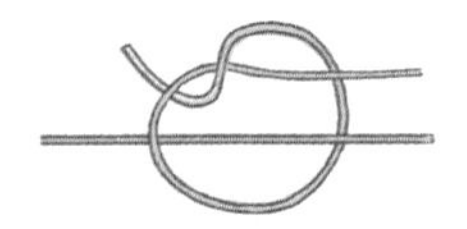

❶ 2개의 로프를 나란히 놓고 한 쪽을 묶는다.

❷ 다른 한쪽도 똑같이 묶는다.

❸ 로프를 당겨 매듭을 겹친다.

토트라인 히치

스토퍼 없이도 로프의 길이를 조절할 수 있는 매듭법.

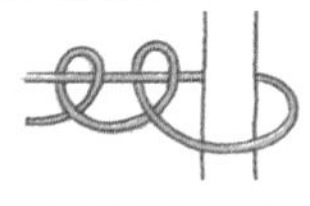

❶ 반대쪽 로프를 감아 한 번 묶기를 2회 반복한다.

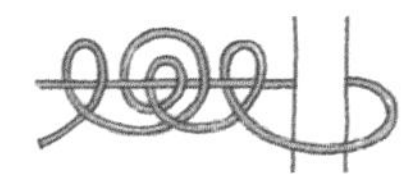

❷ ❶로 생긴 두 개의 매듭 사이를 통과시켜 한 번 더 묶는다.

❸ 끝을 당겨 조인다.

익혀 두면 좋은 3가지 매듭법

캠핑할 때 주로 많이 쓰는 3가지 매듭법을 익혀 두면 유용해요. 제일 먼저 알아 두면 좋은 '보라인 매듭'은 나무줄기처럼 굵은 물체에 로프를 연결할 때 좋아요. 풀기 쉬운 것이 장점. 피셔맨 노트는 긴 로프가 필요할 때, 짧은 로프들을 연결해 사용할 수 있어서 편리하죠. 텐트나 타프를 쳐야 하는데 스토퍼가 없다면 토트라인 히치를 익혀 두면 도움이 돼요.

깜박한 물건은 알루미늄 포일로 보충하자

#알루미늄포일 #DIY #편리한조리도구

피자 가마

석쇠를 알루미늄 포일로 감싸 화로대 위에 얹고, 위쪽에 알루미늄 포일을 감싸듯이 가볍게 덮는다. 아래쪽에서 올라오는 열과 위에서 반사하는 열, 양면에서 열이 전달돼 빨리 구워진다.

바람막이

알루미늄 포일을 그림처럼 위아래를 겹쳐 접어서 두툼하게 만든 뒤, 버너 주위를 둘러싼다. 끄트머리를 몇 번 접으면 튼튼해서 안정적이다.

프라이팬

Y자 모양 나뭇가지를 찾아 나뭇가지가 갈라지는 부분에 알루미늄 포일을 두른다. 재료가 떨어지지 않게 가운데를 살짝 오목하게 만드는 게 요령.

알루미늄 포일이 있으면 뭐든 할 수 있다

무쇠팬도 더치 오븐도 없지만 피자를 굽고 싶다. 깜박하고 프라이팬을 두고 왔다. 그럴 때 알루미늄 포일이 있으면 이런저런 물건을 만들어 쓸 수 있어요. 예를 들어 생각보다 바람이 세서 버너의 불이 불안정하다면, 알루미늄 포일을 접어 튼튼한 바람막이를 만들 수 있죠. 준비가 부족해도 걱정 없어요.

캠핑장에서 쓰는 알루미늄 포일은 바비큐용으로 나온 두툼한 것을 추천해요.

그라운드시트로 텐트를 치자

#그라운드시트 #텐트 #팩 #매듭

재료

- 그라운드시트 3.6×5.4m 1장
- 팩 4개
- 로프 2m 2개, 4m 2개
- 폴대 1개

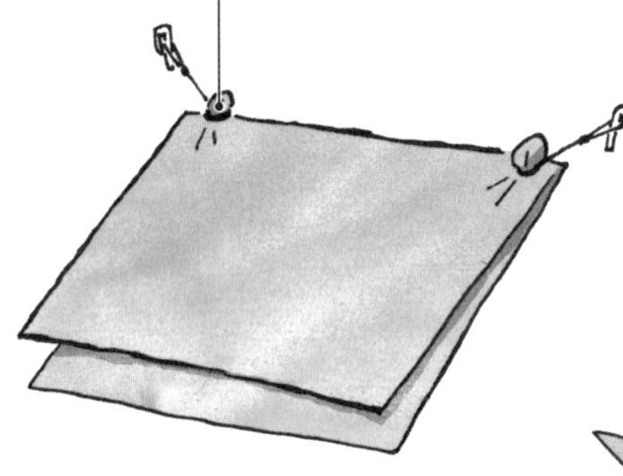

아일렛이 없다면 그림처럼 작은 돌을 감싸고 밑동을 로프로 묶는다.

1 반으로 접는다

그라운드시트를 반으로 접어 바닥에 깐다. 접힌 쪽 아일렛에 로프를 통과시키고 45도 각도에 팩을 박아 고정한다.

2 폴대를 세운다

아래쪽 시트 중앙쯤에 폴대를 세우고, 위쪽 시트를 얹는다(구멍이 있다면 꽂는다).

여차할 때는 그라운드시트도 텐트로

좀 더 서바이벌 체험을 하고 싶은 용감한 캠퍼 여러분, 그라운드시트로 텐트를 쳐 보면 어떨까요? 비, 바람, 햇살을 막아 줄 수 있으며 방수가 되는 커다란 천이나 비닐 등 응용할 수 있는 장비는 많아요. 비바람을 막을 수 있게 이음새를 잘 조절하는 것만 잊지 않으면 그라운드시트로 만든 텐트에서도 쾌적하게 지낼 수 있어요.

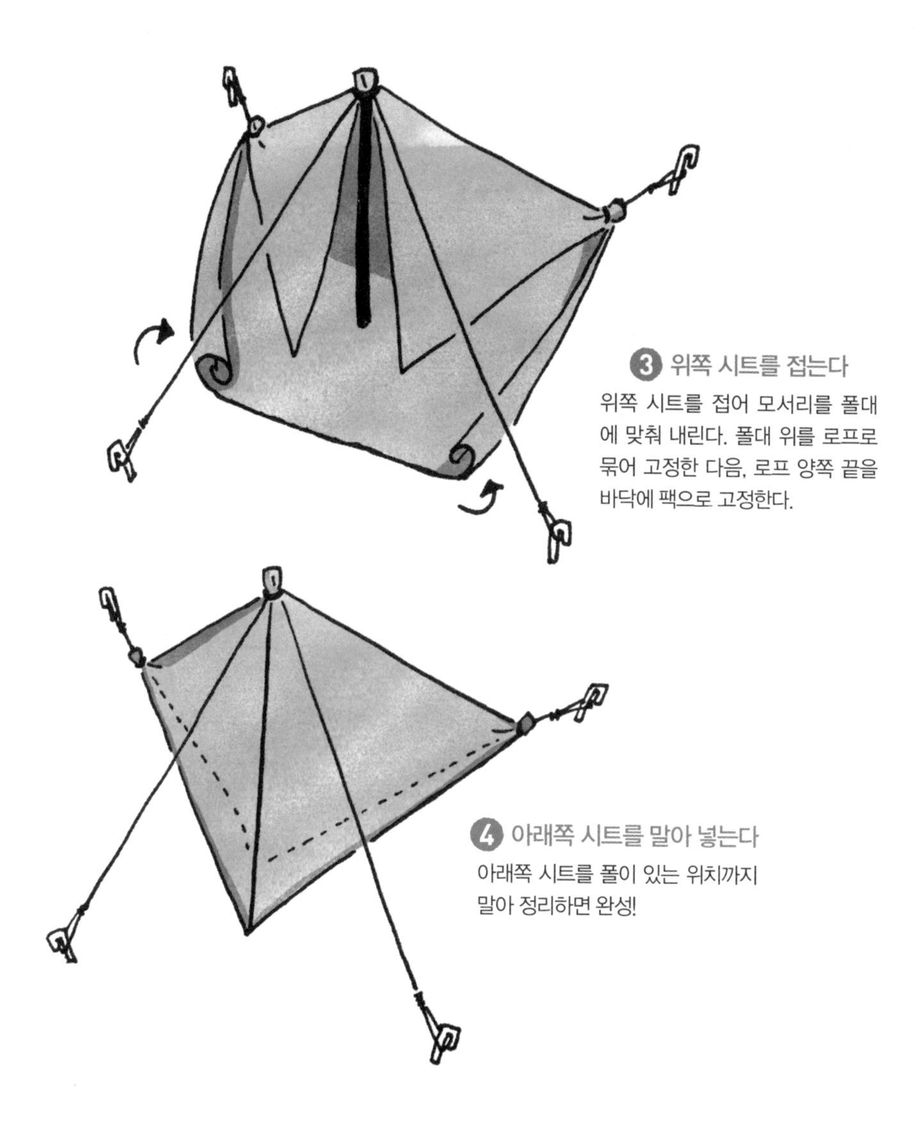

팩, 로프, 폴대는 예비품을 준비해 두면 좋다

캠핑을 처음 시작하면 텐트나 타프 세트에 들어 있는 팩과 로프가 전부지만, 점차 캠핑을 하는 횟수가 늘수록 조금씩 예비품을 사 두면 임기응변으로 응용할 수 있어요. 폴대도 길이를 조절할 수 있는 것이 2개쯤 더 있으면, 상황에 따라 다양한 방식으로 타프 설치를 할 수 있어요.

밀리터리 캠핑을 즐기자

#밀리터리 #텐트 #침낭

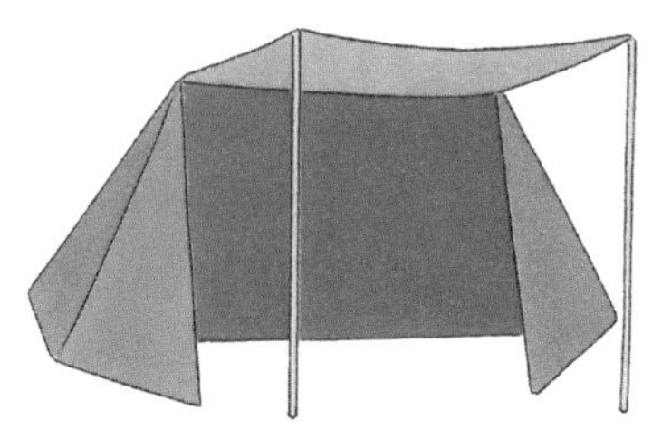

A형 텐트

군대에서 야영 때 쓰는 '군막'으로 개발된 1인용 텐트. 품질이 좋아 타프로 쓰기에도 좋다. 바닥이 없으니 그라운드시트를 깔거나 야전 침대를 쓴다.

판초 텐트

판초 2장을 조합하면 소형 텐트가 된다. 폴란드 군대에서 쓰는 아이템.

모듈러 시스템 침낭

3종류의 침낭을 기온에 맞춰 단독으로 쓰거나 겹쳐 쓰는 침낭. 전부 겹치면 영하 30℃ 이하에서도 사용할 수 있다.

고성능 실전 사양을 즐긴다

가혹한 전쟁터에서 살아남기 위해 개발된 밀리터리 용품은 고성능 장비가 많은데, 야외에서 지내야 하는 캠핑에서 활용하기 좋아요. 거기다가 디자인도 매력적이죠.

군용 나이프나 조리 도구 같은 작은 장비부터 써 보고 익숙해지면 텐트나 침낭 같은 큰 장비를 모으는 것을 추천해요.

감성 캠핑을 하고 싶다면 천을 활용하자

#감성캠핑 #텐트세팅

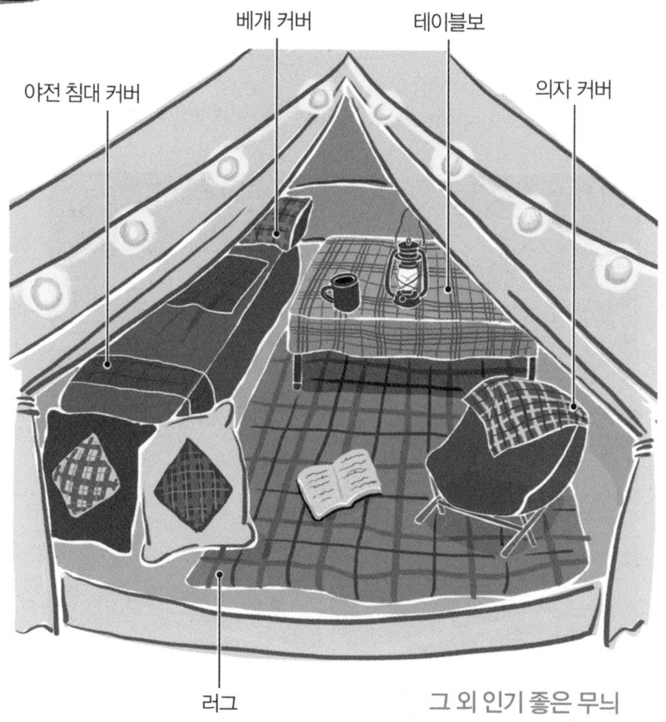

타탄체크는 고전적이면서도 경쾌한 느낌을 준다. 색도 다양해서 취향에 맞게 고를 수 있다.

그 외 인기 좋은 무늬

네이티브 무늬

트라이벌 무늬

노르딕 무늬

포인트는 통일감과 색

글램핑 사이트처럼 멋진 공간을 만들고 싶다면 천 제품을 활용해 보세요. 러그나 쿠션, 의자 커버나 테이블보만 마련한다면 텐트나 타프 같은 큰 장비를 새로 사지 않아도 감성적으로 꾸밀 수 있답니다. 색이나 무늬를 맞추면 통일감이 있어요. 캠핑용품 이외에 일반적인 가구나 잡화점 소품을 활용하거나 직접 만들어도 좋겠죠.

랜턴을 잘 배치해 방충 대책을 완벽하게 세우자

#랜턴 #방충대책 #텐트세팅

떨어진 곳에 밝은 랜턴.

타프스크린으로 완전 봉쇄.

모기 기피제를 직접 만들어 보자
스프레이병에 무수 에탄올과 물을 1:9 비율로 넣고, 박하유를 10방울 넣어 섞는다.

모기향은 항상 켜 둔다. 요즘은 모기향 받침대도 귀여운 게 많다.

가까이에는 어두운 조명을. 방충 캔들도 좋다.

캠핑장에 곤충은 있는 게 당연

자연에서 지내면 곤충과의 만남을 피할 수 없어요. 피할 수 없다면 최대한 멀리 떨어뜨려야겠죠. 방충의 기본은 텐트와 조금 떨어진 곳에 밝은 조명을 설치하는 거예요. 빛을 보면 몰려드는 곤충(나방 등)들은 그쪽에 모이니까, 상대적으로 어두운 테이블이나 모닥불 근처에는 잘 안 옵니다. 또 모기향과 방충 캔들을 피우는 것도 도움이 돼요. 타프스크린을 치면 모기장을 친 것 같은 효과를 볼 수 있어요.

딱 맞는 베개로 다음 날 체력을 확보하자

#베개 #숙면하고싶어

크기

캠핑에서는 수납 부피가 작은 게 가장 중요.

에어베개 ★★★★★
스펀지베개 ★★
자충베개 ★★★★

높이를 바꿀 수 있는가

경사진 지면을 베개 높이로 해결하면 푹 잠들 수 있다.

에어베개 ★★★★★
스펀지베개 ★
자충베개 ★★★

잘 미끄러지지 않는가

베개 소재에 따라 머리가 미끄러져서 불안정한 것이 있다. 베개 커버를 씌우면 어느 정도 보완할 수 있다.

에어베개 ★★
스펀지베개 ★★★★★
자충베개 ★★★

캠핑에서 쓸 베개의 3가지 포인트

다음 날 잘 놀려면 푹 자야 하죠. 캠핑 장비 중에 가볍게 여기기 쉬운 베개가 숙면의 열쇠입니다. 내게 맞는 베개가 있으면 집에서처럼 쾌적하게 잘 수 있어요.

캠핑용 베개에는 크게 3가지 타입이 있습니다. 공기를 주입하는 에어베개. 그대로 쓰는 스펀지베개, 펼치면 폭신하게 자동 팽창하는 자충베개. 각각 크기나 높이 조절 기능, 미끄럼 방지 기능이 다르니 직접 써 보며 맞는 걸 찾아요.

캠핑 장비로 비상용 백을 꾸리자

#재난대책 #수납

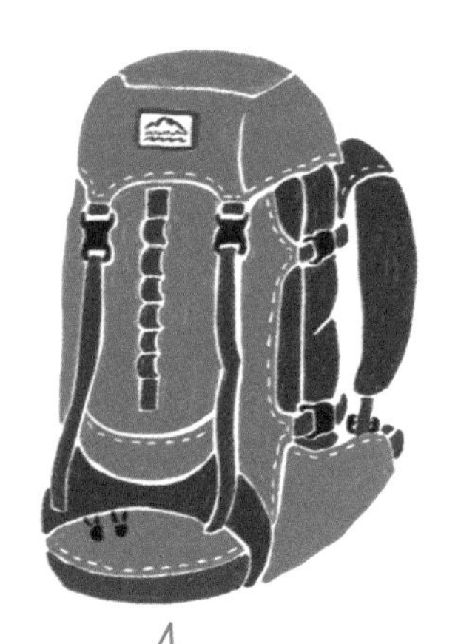

비상대비용품

피난 상황에 꼭 필요한 물품을 담은 가방을 비상용 백이라고 한다. 비상식량, 응급 약품, 조명과 만능 나이프 등 비상대비용품을 담아 둔다.

준비해 두면 좋을 물건

- 물(2L×사람 수)
- 식량(하루분)
- 응급용 보온포
- 헬멧
- 작업용 면장갑
- 운동화
- 의류, 수건
- 비닐봉지
- 태양열 배터리, 건전지
- 일회용 손난로
- 치약 · 칫솔
- 물티슈
- 휴대용 화장실
- 화장실 휴지
- 구급상자
- 귀중품, 신분증 복사본

재난 때 도움되는 캠핑 용품

- 배낭
- 방한구, 우비
- 나이프, 멀티툴
- 라이터, 파이어스타터
- 시에라컵
- 로프(8m 이상)
- 돗자리
- 헤드 랜턴
- LED 랜턴

빠르게 피난할 수 있게 짐을 미리 준비한다

피난 지시를 받으면 곧바로 가까운 대피소로 이동해야 해요. 지시를 받고 나서 짐을 꾸리면 피난이 늦어져서 위험합니다. 재난 상황이 언제 닥쳐도 신속히 대처할 수 있도록 미리 준비해 둬야 하죠. 캠핑용품 중 피난 시 사용하기 편리한 장비는 비상대비용품과 함께 배낭에 넣어 보관해 둡니다.

다양한 상황을 예상해 세심하게 준비해 둔다

대피소에서 생활이 길어지면 집으로 돌아가 2차 비상대비용품을 가져와야 할 때도 있어요. 집이 어떤 상황일지 모르고, 시간이 부족할 수도 있습니다. 재난 발생 후 집을 뒤지며 다니기는 어렵다고 예상하고, 캠핑 박스 등에 넣어 꺼내기 쉬운 곳에 두고 헤매지 않고 바로 꺼낼 수 있게 준비하세요. 2차 비상대비용품으로 넉넉한 식량이나 위생용품 및 침낭, 매트, 소형 텐트, 의자, 버너나 조리 도구 등이 있으면 안심이에요. 식량이나 연료는 유통 기한이 있으니 캠핑 때 쓰고 새로 교체해 두면 좋겠죠.

2차 비상대비용품

피난이 길어질 때, 잠시 귀가해 가져오는 비상대비용품. 한동안 물자를 얻지 못할 것을 예상해 비축한다. 들고 가기 편하게 준비하는 것도 중요하다.

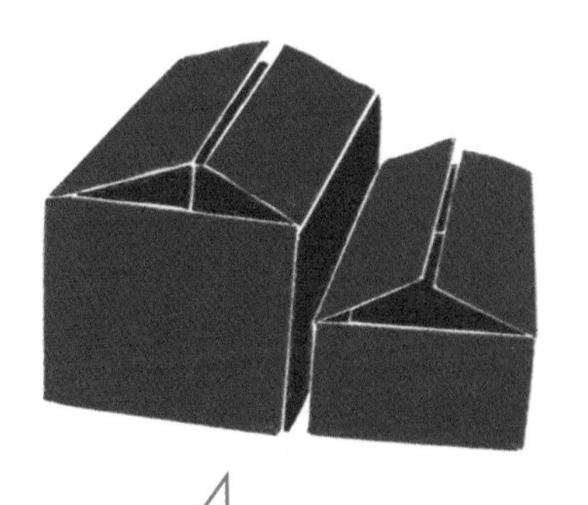

준비해 두면 좋을 물건

- 물(6L×인원)
- 채소 주스
- 식량(7일분)
- 키친타월
- 슬리퍼, 샌들
- 의류, 수건
- 비닐봉지, 랩
- 치약 · 칫솔
- 비누, 샴푸

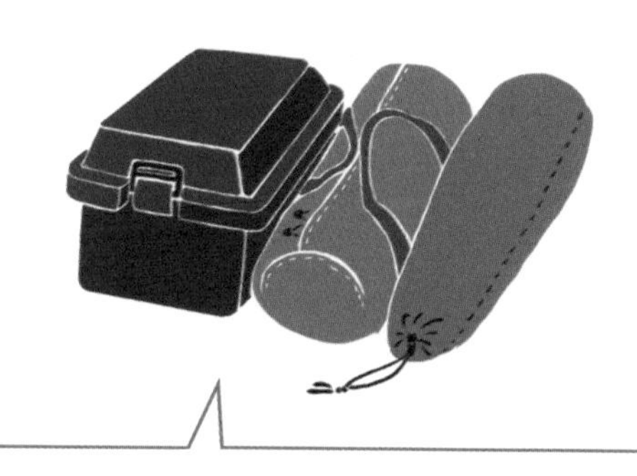

재난 때 도움되는 캠핑 용품

- 랜턴
- 침낭
- 매트
- 담요
- 조리 도구
- 버너
- 부탄가스
- 식기
- 주전자
- 보온병
- 알루미늄 포일
- 텐트
- 그라운드시트
- 폴대
- 로프, 팩
- 망치
- 타프
- 화로대
- 대롱
- 착화제
- 장작
- 삽

#해시태그 색인

캠핑을 100% 즐기는 100가지 방법 : 캠요리부터 캠기술까지

1판 2쇄 발행 2023년 04월 01일 **1판 1쇄 발행** 2022년 07월 05일
글 FIGINC **그림** cao, 사사키 치에, shino, 나오미, 하루페이, 히에이, 마쿠라코, 야하라 유코, yoi 다카시마 에리 **디자인** 미야카와 유키 **레시피 감수** 요시카와 아유미 **집필 협력** 요시카와 아유미, 하라다 아키후미 **편집 협력** 와타나베 유스케 · 마쓰자카 나쓰미 **옮김** 이소담
펴낸이 김상일 **펴낸곳** 도서출판 키다리
편집주간 위정은 **편집** 이은경, 이신아 **디자인** 김유미 **마케팅** 장현아 **관리** 김영숙
출판등록 2004년 11월 3일 제406-2010-000095호
주소 경기도 파주시 심학산로 10
전화 031-955-9860(대표), 031-955-9861(편집) **팩스** 031-624-1601
이메일 kidaribook@naver.com **블로그** blog.naver.com/kidaribook
ISBN 979-11-5785-578-0(13980)

CAMP DE SHITAI 100 NO KOTO

참좋은날은 도서출판 키다리가 만드는 성인 단행본 브랜드입니다.